KB243665

SAT SUBJECT TEST

MATH LEVEL 2

필수 Concept 완성과 Concept완성을 위한 핵심 110제

SAT SUBJECT TEST

MATH LEVEL 2

필수 Concept 완성과 Concept완성을 위한 핵심 110제

-SAT Math 분야 최다독자와 최다 수강생이 선택한 심현성의 Math Level 2 이론 완결판
-Math Level 2이론을 간결하게 정리하자!
-Math분야 최고 강사의 군더더기 없는 핵심 이론과 문제들로만 구성된 교재

심현성 지음 (Albert Shim)

3rd Edition

저자소개

심현성(Albert Shim) 선생님은

수능수학과 경시수학을 가르치다가 미국수학 전문가가 되었다. 레카스 아카데미를 거쳐 블루키프렙 대표이사 겸 대표강사를 지내다가 현재 TOP SEM학원의 대표이사 겸 Math 대표강사이기도 하다. 2008년 한국에서는 처음으로 "Math Level 2"를 출간 하였고 연이어 2009년에는 처음으로 "AP calculus"출간하였다. 현재는 10개국 이상의 나라에 Math관련 교재를 출간하고 있다. 특히, "Math Level 2 10 Practice Tests" , "AP Calculus AB&BC 핵심 편", "AP Calculus AB&BC 심화 편", "AMC10 & 12 특강"등은 미국 대학을 준비하는 거의 모든 학생들의 필수서적이 될 만큼 중요한 교재이며 베스트셀러 교재이기도 하다.

 2008년부터 지금까지 10개국 이상에 출간한 책이 20권 이상이며 압구정에서 가장 많은 수강생을 가르치는 유명강사이다. 오프라인에서는 압구정에 위치한 TOP SEM학원에서 강의하고 있으며 온라인에서는 SAT,AP,IB 즉 미국대학 입시 전문 인터넷 동영상 강의 전문업체인 마스터프렙(www.masterprep.net)에서 Math의 거의 모든 분야를 강의하고 있으며 해당 사이트에서도 No.1 수학강사로 차별성 있는 톡톡 뛰는 강의로 정평이 나 있다.

수업문의

TOP SEM학원 (02-511-4235, www.topsem.co.kr)
인터넷 동영상업체 마스터프렙 (www.masterprep.net)

구성과 특징

1 이 책은 크게 이론편과 핵심 문제편으로 구성되어 있다.

2 중요한 내용을 최대한 심플하게 정리하였다.

3 시험에 나오는 내용과 문제만을 엄선하였다.

심 선생의 잔소리
Math Level 2에 대해서...

Math Level 2는 Precalculus일부 범위까지가 시험범위이다. 한국에서 한국 수학으로 공부하던 학생이라면 범위를 정하기가 약간 애매하지만 고2과정 미적분 전까지 배운 학생이라면 충분히 도전이 가능한 시험이다. 단, 교과 범위에는 차이가 있어서 반드시 문제들을 풀어보고 시험에 응시하여야 한다. 한국 교과에는 나오지 않는 일부 범위들도 포함되어 있기 때문이다.

 Math Level 2는 미국대학 진학에 있어서 매우 중요한 시험이다. 하지만 이 시험에 너무 많은 시간을 투자하는 것은 시간낭비이다. 어떠한 경우라도 교과공부가 먼저이다. Precalculus또는 Algebra2 Honors를 공부한 학생이라면 그리 시간이 오래 걸리는 시험이 아니다. 가끔 한국의 학부모님들께서는 수능과 Math Level 2 시험을 같은 선상에 놓고 비교하시는 경우가 있다. 그러다 보니, 수입교재 3~4권을 풀게 하는 경우도 있고 심지어는 더 어려운 문제집만을 고집하는 학생들과 학부모님들도 있다. 한국의 대학입학 시험은 수학의 비중이 워낙 크지만 미국대학 입시의 경우에는 Math Level 2시험은 하나의 선택과목일 뿐이다. 교과공부를 통해 미리 개념을 다져놓은 학생이라면 짧은 시간 안에 충분히 만점이 가능한 시험이다. 미국 대학에 진학하기 위해서는 할 것이 많은데 수능 수학시험으로 착각하여 기본 교과도 배우지 않고서 시험 준비에만 열을 올리는 것은 상당히 위험한 행동이다. 필자의 제자들을 기준으로 봤을 때 Precalculus공부가 제대로 끝난 학생의 경우 바로 모의고사 12~15세트 정도로 공부하고는 바로 만점이 나왔으며 AMC10 또는 AMC12를 공부했던 학생들의 경우 10세트 정도 공부하고도 만점이 나왔다.

 Math Level 2는 수학적인 실력을 측정 한다기 보다 수학적인 개념을 알고 그 개념을 주어진 상황에 알맞게 쓸 수 있는가를 물어보는 시험이다. 연산은 모두 계산기로 해결이 가능하다. 가끔 필자에게 찾아 오는 학생들 중 지난 여름방학 내내 Math Level 2를 공부하였고 풀어본 세트가 30세트가 넘었다는 학생들을 종종 볼 수가 있다. 그런데도 시험을 잘 못 봐서 겨울 방학 때 또 공부하러 왔다고 하는 학생들을 심심치 않게 만날 수 있다. 정말 이런 말을 들을 때 마다 한숨이 나온다. 지나간 시간이 너무 아까울 따름이다. 차라리 그 시간에 책을 더 많이 읽거나 어휘 공부를 했거나 Math는 교과 공부나 AMC공부를 했으면 실력도 늘고 시험도 쉽게 끝났을 것을...그 금 같은 시간을 시험 하나에 쏟아 붙다니...

계산기에 대한 질문도 많이 받는다. 필자는 개인적으로 Ti-84를 좋아한다. 직관적이고 모든게 심플하다. 단, Solve기능이 없다. 그런데, 과연 Solve기능이 필요할까? 어짜피 그래프를 그리면 다 찾을 수 있는 것을...요즘에는 n-spire라는 고성능 계산기도 허용이 되었지만 Ti-84를 쓰나 n-spire를 쓰나 결과는 항상 같다. 공부를 제대로 한 학생이라면 어떠한 계산기를 써도 잘 볼 수 있는 시험이다. 또한 계산기의 Solve기능이 시험장에서 그리 큰 위력을 발휘하지 못한다. 한 때, Ti-89가 유행처럼 퍼졌었다. 이유는 Solve기능 때문이었는데 Math Level 2는 그렇다 치더라도 AP Calculus시험을 보다 보면 계산기가 다운되는 일이 발생하는 경우도 있고 계산이 느리게 되는 경우도 종종 발생한다. 그러므로, 필자는 계산기를 추천하라면 Ti-84 또는 n-spire를 추천 드리고 싶다. 하지만 계산기보다 중요한 것은 본인의 실력이다.

실력을 쌓고 보면 계산기에 그리 민감해지지 않는다. 또한 교과를 제대로 공부하지 않은 상태에서 무리하게 시험을 준비하는 것도 추천 드리고 싶지 않다. 오히려 시간만 허비하게 되기 때문이다. Math Level 2만 두 달 동안 공부하여 만점 받은 학생보다 교과 공부를 열심히 하고 한 달 안에 이 시험을 끝낸 학생이 시간을 잘 사용한 학생이라 할 수 있다.

 성공하는 학생은 시간을 잘 사용하는 학생이다. 같은 시간을 준비하더라도 어떤 학생은 10가지를 준비하는 반면 어떤 학생은 한 가지도 끝내지를 못한다. 차라리 Math Level 2보다 더 난이도가 높은 AMC를 공부하거나 Precalculus를 깊게 공부하고 나서 Math Level 2를 준비하는 것은 어떨까? 필자는 이런 학습 계획을 권해 드리고 싶다.

Math Level 2에 대해서..

1 시험은 몇 번까지 응시하여야 하는가?.

시험 횟수의 제한은 없다. 보통 알려진 사실은 3번 이상 보지 말라고들 한다. 어떤 학생의 경우에는 4번까지 보는 학생들도 봤다. 필자는 이렇게 말씀 드리고 싶다. 한번에 끝나지 않을 것 같으면 응시하지 마라! 혹시 잘못 되었다면 한 번 더 보더라도 말이다. 즉, 두 번 이상 보지 말라는 이야기다.
어디 시험이 Math Level 2만 있는가? 한국의 수능수학시험과 비교하지 말자! 교과를 철저히 공부한 학생이나 AMC를 철저히 공부한 학생이라면 최대한 단기간에 끝내도록 노력을 해야 한다.
간혹 보면 이번에는 시험 삼아 한번 봐보고 다음에 잘 보려고 한다는 학생들이 있는데 상당히 잘못 된 생각이다. 시험을 많이 봤다고 대학입학에 지장을 주지는 않지만 시험 횟수가 늘어날수록 그만큼 학생이 할 수 있는 일이 줄어들게 된다. 그러므로, 교과 공부가 우선 되고 시험 준비를 철저히 했을 때 응시하여 한번에 끝내도록 하자!

2 반드시 800점을 받아야 하는가?

반드시 800점을 맞아야 한다는 것은 한국인들만의 생각이다. 누구나 알고 있는 명문대 입학생들 중 780점이나 790점도 상당히 많다. 780점이라 하여 800점을 받은 학생보다 대학입시에서 특별히 불리한 것은 없다. 오히려 점수에 연연하는 학생처럼 보일 수 있다는 점을 명심하자. 필자의 주관적인 생각으로는 780점도 명문대학 진학에는 충분한 점수이다.

3 시험성적 취소에 대해서..

시험 응시 후 취소는 시험 다음 주 수요일까지 하면 되지만 굳이 취소할 필요가 없다. 오히려 만점이 아니 였다면 점수가 올라가는 모양새를 보여주는 것이 더 좋아 보인다. 성적을 취소하면 본인은 안도가 되겠지만 학생들이 입학하고 싶어 하는 많은 대학들은 학생이 시험에 응시한 후 취소한 사실을 알게 된다. 시험 응시일은 나오는데 점수만 빈칸이 되었다는 것은 시험 성적을 취소했다는 이야기이다. 왠만하면 취소하지 말도록 하자! 취소할만한 성적이 나올 거면 아예 시험에 응시하지 말았어야 한다.

4 시험 당일 준비물에 대해서..

연필 두자루, 지우개, 계산기, 여권을 반드시 챙겨야 한다. 연필은 HB나 B가 좋고 신분증의 경우에도 반드시 본인의 이름이 영어로 쓰여진 여권을 가지고 가야 한다.

5 원서 접수는 어떻게 하는가?

www.collegeboard.org에 등록하고 여러 질문에 답한 후 등록하면 된다.

Preface

세 번째 개정판을 내면서..

많은 유학생들과 어머님들로부터 MATH LEVEL 2시험에 필요한 개념과 핵심 문제만을
모아놓은 책이 필요하다는 요구가 많이 있었다. 그도 그럴 것이 유학생들은 한국의
학생들처럼 시험에만 전념할 수 없는 상황이기 때문이다.
학교에서의 많은 활동과 과제의 부담을 가지고 생활하는 유학생들에게 MATH LEVEL 2
라는 시험은 상당히 부담을 주는 과목처럼 느껴졌다.

이 책을 집필하면서 상당히 고민이 많았는데 그 이유는 내용과 문제를 최소화 하되 시험에
꼭 필요한 많은 내용들을 담고 있어야 했기 때문이다. 이제 그러한 책을 내놓게 되어 상당히
기쁘다. 길게 쓰고 싶은 내용도 되도록 짧고 명료하게 쓰려고 노력하였고 문제도 모든
내용을 담을 수 있는 핵심 문제들만 실어보고자 노력하였다.

이 책에 있는 모든 내용과 문제들을 꼼꼼히 풀어보기 바란다.
아울러 MATH LEVEL 2 18 PRACTICE TESTS도 풀어보기 바란다.
그렇게 공부한다면 MATH LEVEL 2 시험에서 좋은 결과가 있으리라고 확신한다.

필자는 현재 압구정에 위치한 TOP SEM학원의 대표이사이자 MATH 대표 강사이기도 하다.
필자와 함께 하는 TOP SEM의 모든 선생님들과 운영진들에게 감사한 마음을 전한다. 본
책의 동영상 강의를 허락해주신 SAT 동영상 전문업체 권주근 대표님께도 지면을 빌려
감사한 마음을 전한다.

 저에게 수학을 배우는 학생들과 소중한 아이들을 맡겨주신 부모님들께 진심으로
감사드린다. 앞으로 본인이 할 수 있는 노력은 다하리라고 약속드리는 바이다.

이 책이 학생들에게 꼭 필요한 중요한 길잡이가 되기를 간절히 바라면서 ...

2017. 07
심현성

Contents

Contents

필수 Concept 완성과 Concept 완성을 위한 핵심 110제

CHAPTER 1

TRIGONOMETRIC FUNCTION

TRIGONOMETRIC FUNCTION 본론에 들어가기에 앞서서 다음을 꼭 알고 갑시다.

MATH LEVEL 2 시험에서 삼각형뿐만 아니라 다각형에 각이나 변의 길이가 나오면 100%

TRIGONOMETRIC FUNCTION 문제입니다. 왜냐하면, 다각형도 결국에는 삼각형으로 분리가 되기 때문입니다.

삼각형에서 각을 가지고 길이를 구하거나 길이를 가지고 각을 구하는 것은 다음과 같이 크게 직각삼각형일 때와 직각삼각형이 아닐 때로 나누어 생각할 수 있습니다. 다음을 봅시다.

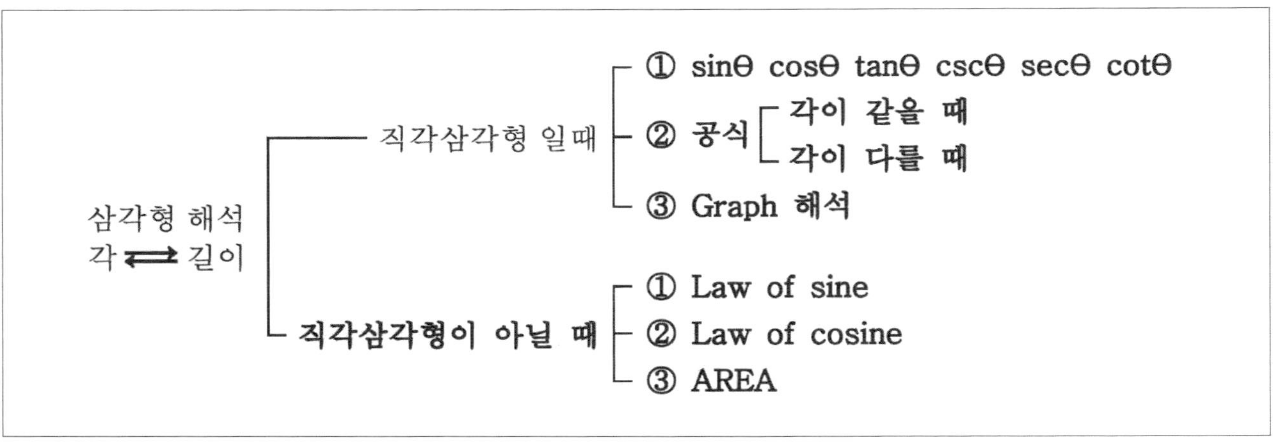

1. $\sin\theta,\ \cos\theta,\ \tan\theta,\ \csc\theta,\ \sec\theta,\ \cot\theta$

$$\begin{array}{ccc}
\sin\theta & \cos\theta & \tan\theta \\
\Updownarrow \text{역수} & \Updownarrow \text{역수} & \Updownarrow \text{역수 (Reciprocal)} \\
\csc\theta & \sec\theta & \cot\theta
\end{array}$$

시험에 자주 그리고 아주 많이 출제되고 있습니다.

다음과 같이 꼭 익혀둡시다. 그림이 바뀌면 은근히 헷갈리기 쉽거든요.

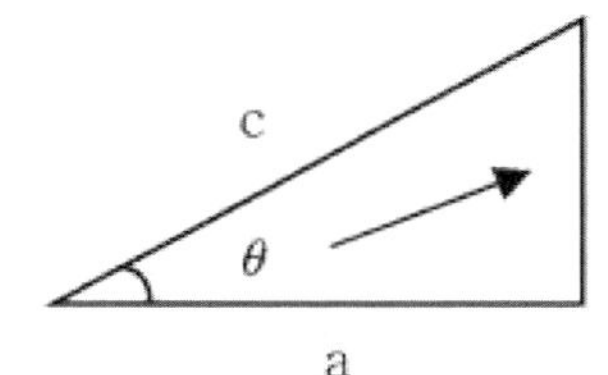

$$\sin\theta = \frac{\text{높이(각과 마주보는 변)}}{\text{빗변(가장 긴 변)}} = \frac{b}{c}$$

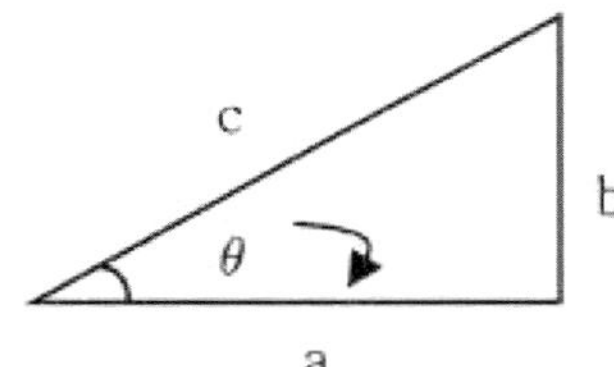

$$\cos\theta = \frac{\text{밑변}(\theta\text{와 인접한 변 중 작은 변})}{\text{빗변(가장 긴 변)}} = \frac{a}{c}$$

$$\tan\theta = \frac{\text{높이(각과 마주보는 변)}}{\text{밑변}(\theta\text{와 인접한 변 중 작은 변})} = \frac{b}{a}$$

$$= \frac{\sin\theta}{\cos\theta} = \frac{\frac{b}{c}}{\frac{a}{c}} = \frac{b}{a}$$

좀 더 연습을 해봅시다.

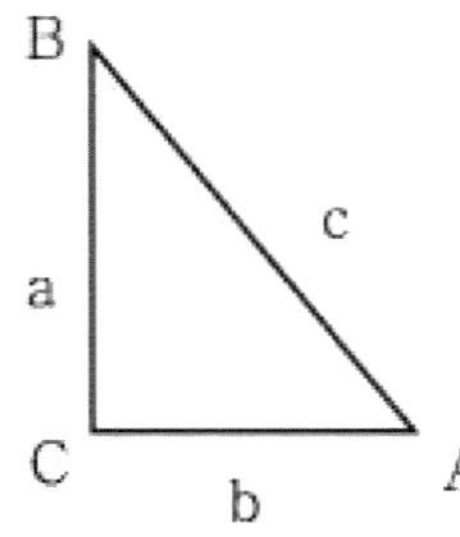

- $\sin A = \dfrac{a}{c}$ - $\sin B = \dfrac{b}{c}$
- $\cos A = \dfrac{b}{c}$ - $\cos B = \dfrac{a}{c}$
- $\tan A = \dfrac{a}{b}$ - $\tan B = \dfrac{b}{a}$

- $\sin A = \dfrac{a}{c}$ - $\sin B = \dfrac{b}{c}$
- $\cos A = \dfrac{b}{c}$ - $\cos B = \dfrac{a}{c}$
- $\tan A = \dfrac{a}{b}$ - $\tan B = \dfrac{b}{a}$

다음을 반드시 그림과 함께 익혀두도록 합시다.

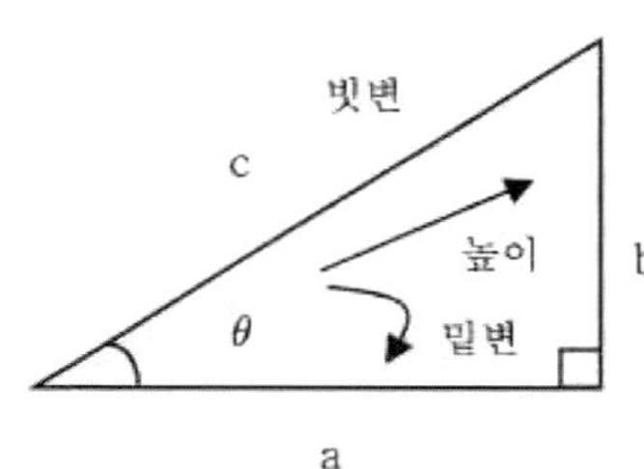

$$\begin{cases} \sin\theta = \dfrac{높이}{빗변} = \dfrac{b}{c} \\ \csc\theta = \dfrac{c}{b} \end{cases} \quad \begin{cases} \cos\theta = \dfrac{밑변}{빗변} = \dfrac{a}{c} \\ \sec\theta = \dfrac{c}{a} \end{cases} \quad \begin{cases} \tan\theta = \dfrac{높이}{밑변} = \dfrac{b}{a} \\ \cot\theta = \dfrac{a}{b} \\ \tan\theta = \dfrac{\sin\theta}{\cos\theta} \end{cases}$$

I	II	III	IV
얼	사	안	코
all	$\sin x$	$\tan x$	$\cos x$
$+$	$+$	$+$	$+$

2. 공식

공식은 크게 각이 같을 때와 다를 때로 나누어집니다. 각이 다를 때에는 DOUBLE ANGLE FORMULA, HALF ANGLE FORMULA ... 등등 여러 가지가 있지만 MATH LEVEL 2에서는 DOUBLE ANGLE FORMULA만 알고 계시면 됩니다.

다음을 반드시 암기합시다.

ANGLE 같을 때
① $\sin^2\theta + \cos^2\theta = 1$ (하나 알면 다 알아)
② $1 + \tan^2\theta = \sec^2\theta$ (일단 타면 시커멓다)
③ $1 + \cot^2\theta = \csc^2\theta$ (일단 코 타면 코 시커멓다)

2θ를 θ로 바꿀 때
④ $\sin 2\theta = 2\sin\theta\cos\theta$
⑤ $\cos 2\theta = \cos^2\theta - \sin^2\theta$

---

① $\sin^2\theta + \cos^2\theta = 1$의 경우 $\sin\theta$ 만 알아도 $\cos\theta$ 도 알 수 있고 $\tan\theta = \dfrac{\sin\theta}{\cos\theta}$ 이므로 $\tan\theta$ 도 알 수 있으며 그 역수(Reciprocal)들도 모두 알 수 있습니다.

3. GRAPH 해석

TRIGONOMETRIC FUNCTION의 GRAPH에 대해서 다음의 내용들을 꼼꼼히 읽어 봅시다.

다음의 설명들을 꼭 읽어 본 후 필자가 암기하라고 하는 내용은 반드시 암기하시기 바랍니다.

$y = \sin x$ 의 그래프를 보면

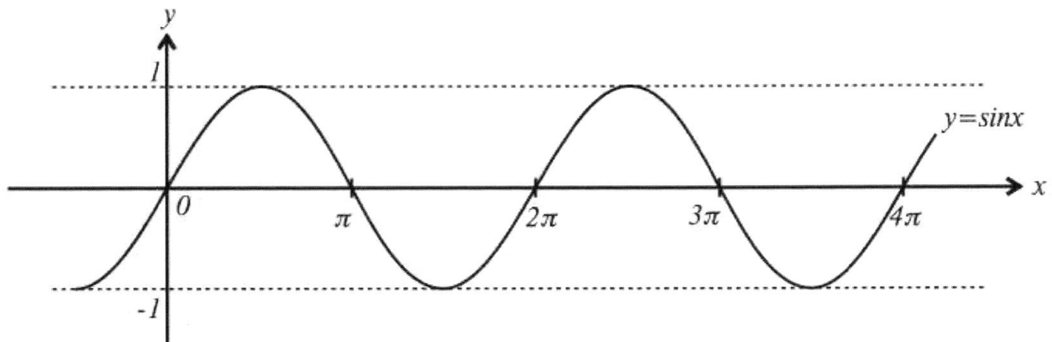

Maximum Value가 1, Minimum Value가 -1, Period는 2π임을 알 수 있습니다.

$y = 2\sin 2x$의 그래프를 보면

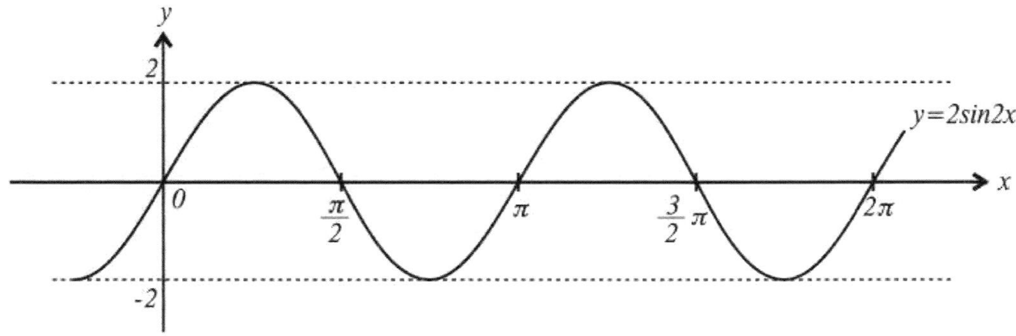

Maximum Value가 2, Minimum Value가 -2, Period가 π임을 알 수 있습니다.

즉, Maximum, Minimum은 2배가 되었고 Period는 $\dfrac{1}{2}$로 줄었습니다.

$y = 2\sin\left(2x - \dfrac{\pi}{3}\right) + 1$ 의 그래프를 보면 $y = 2\sin 2\left(x - \dfrac{\pi}{6}\right) + 1$ 에서 $y = 2\sin 2x$ 의 그래프를

x축으로 $\dfrac{\pi}{6}$ 만큼, y축으로 1만큼 이동하였습니다.

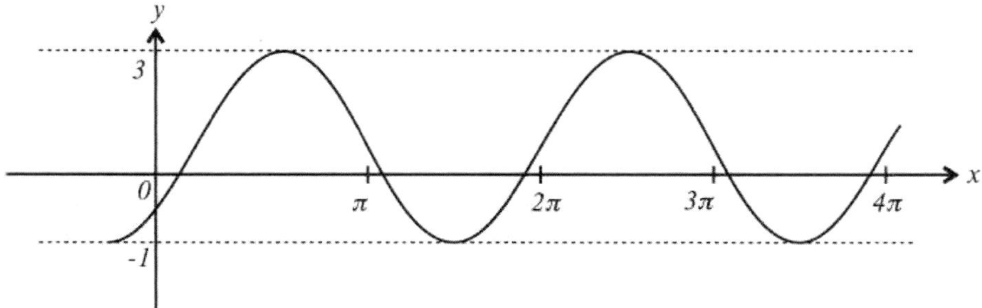

Maximum Value가 3, Minimum Value가 -1, Period가 π임을 알 수 있습니다.

여기에서, 주목할 점은 $y = 2\sin\left(2x - \dfrac{\pi}{3}\right) + 1$ 에서 $\dfrac{\pi}{3}$은 Maximum Value, Minimum Value, Period에 아무런 영향을 주지 않고 단지 그래프가 x축으로 얼만큼만 이동했다는 것을 나타내는 것입니다.

이번에는 $y = |\sin x|$의 그래프를 보도록 하겠습니다.

$y = \sin x$ 그래프를 그린 후 x축 아래 부분을 위로 꺾어서 올리면 됩니다.

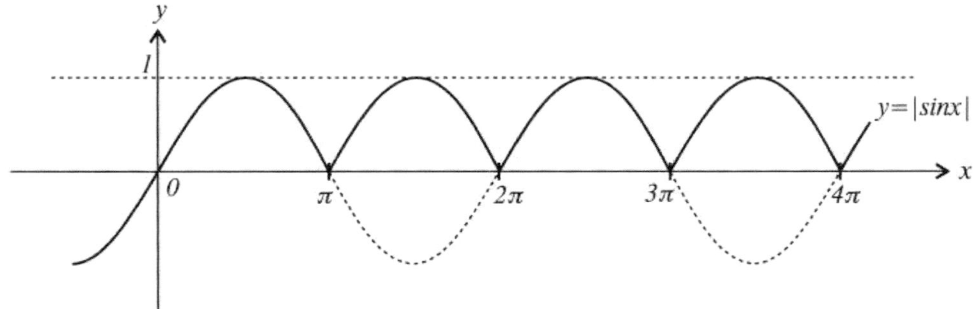

Maximum Value가 1, Minimum Value가 0, Period가 π가 되었습니다.

$y = |2\sin x| + 1$ 의 그래프를 그려보면…

먼저 $y = 2\sin x$의 그래프를 그리고 x축 아래 부분을 꺾어 올린 후 y축 방향으로 1만큼 이동시킵니다.

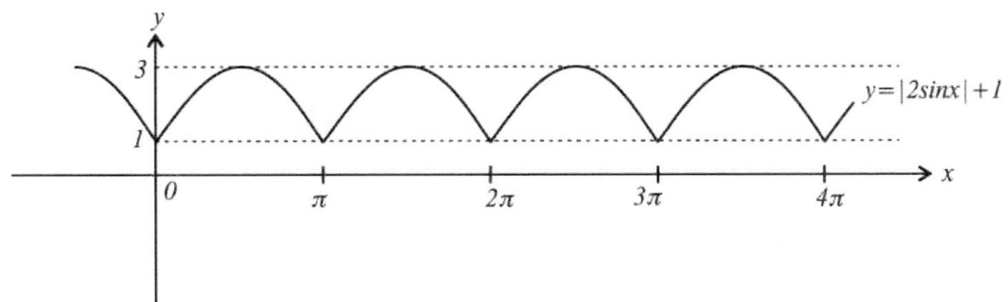

Maximum Value가 3, Minimum Value가 1, Period가 π가 되었습니다.

이번에는 $y = \cos x$의 그래프를 그려보도록 하겠습니다.

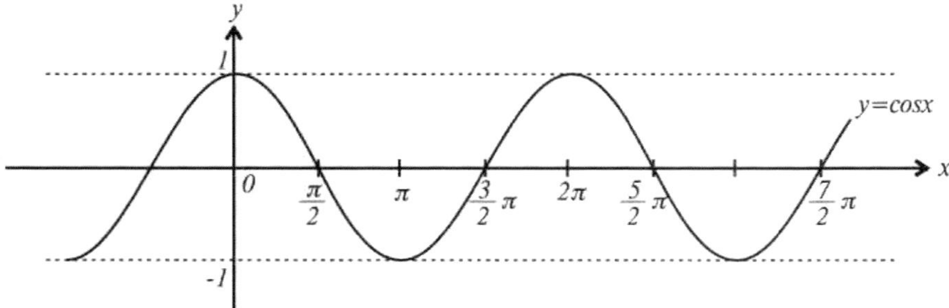

$y = \sin x$와 마찬가지로 Maximum Value 1, Minimum Value −1, Period가 2π 입니다.

이번에는 $y = |\cos x|$의 그래프를 보도록 하겠습니다.
$y = \cos x$의 그래프를 그려서 x축 아래 부분을 꺾어 올리면 됩니다.

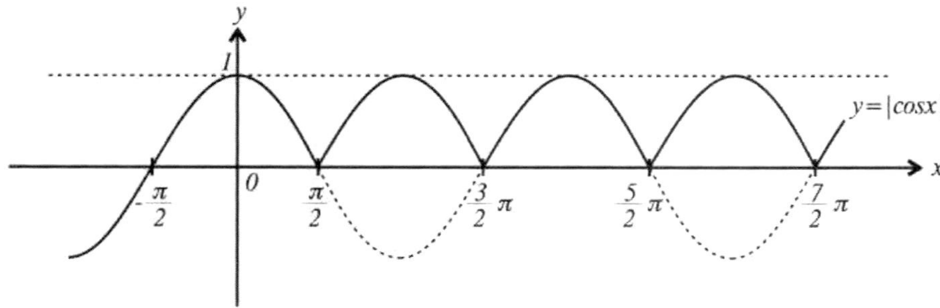

Maximum Value가 1, Minimum Value가 0, Period가 π가 되었습니다.

$y = |2\cos x| + 1$의 그래프를 그려보면...
먼저 $y = 2\cos x$의 그래프를 그리고 x축 아래 부분을 꺾어 올린 후 y축으로 1만큼 이동시킵니다.

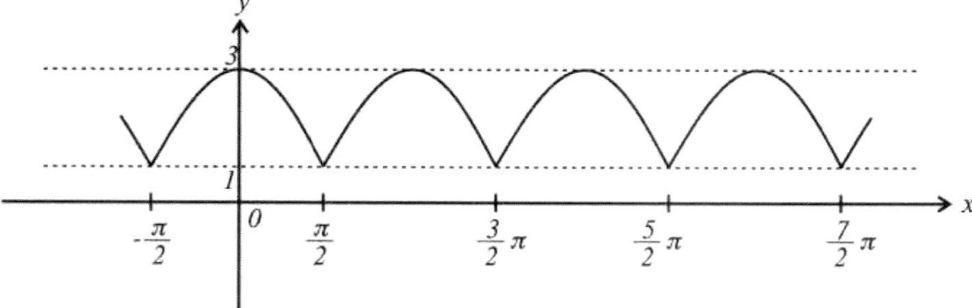

Maximum Value가 3, Minimum Value가 1, Period가 π가 되었습니다.

$y = \tan x$ 의 그래프를 그려보면...

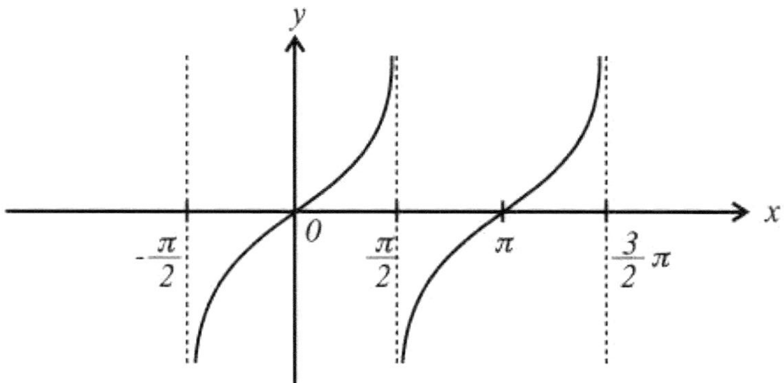

Maximum Value는 ∞, Minimum Value는 $-\infty$이고 Period는 π입니다.

$y = |\tan x|$의 그래프를 그려보면...
$y = \tan x$ 의 그래프를 그린 후 x축 아래 부분을 꺾어 올립니다.

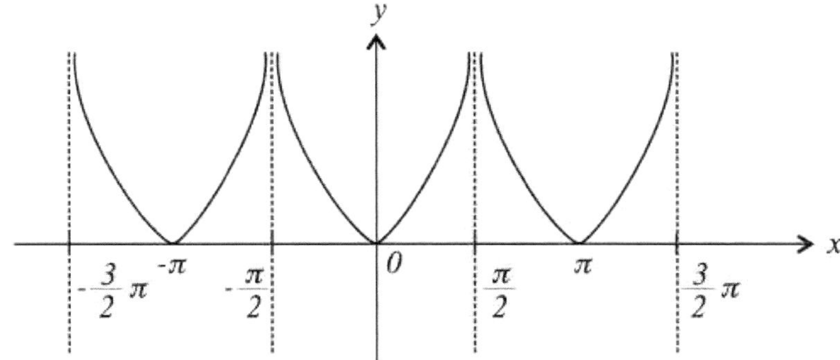

Maximum Value는 ∞이고 Minimum Value는 0, Period는 바뀌지 않고 π 그대로입니다.

$y = \tan 2x$ 의 그래프를 그려보면

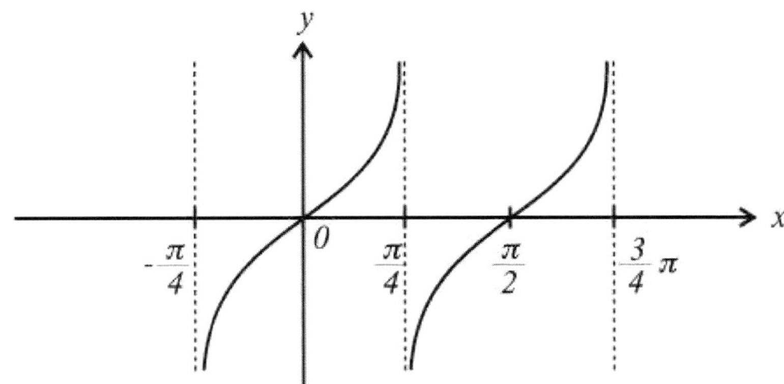

Maximum Value는 ∞, Minimum Value는 $-\infty$이고, Period는 $\dfrac{\pi}{2}$가 되었습니다.

지금까지의 설명들을 종합해보면...

$y = 2\sin\left(2x - \dfrac{\pi}{3}\right) + 1$ 에서   Maximum   Value는 $|2| + 1 = 3$,   Minimum   Value는 $-|2| + 1 = -1$ 이었고

Period는 $\dfrac{2\pi}{2} = \pi$ 이었습니다.

$y = |2\sin x| + 1$, $y = |2\cos x| + 1$ 에서 Maximum Value는 3, Minimum Value는 1, Period는 $y = 2\sin x$,

$y = 2\cos x$ 의 $\dfrac{1}{2}$ 인 π.

$y = \tan 2x$ 의 Period는 $\dfrac{\pi}{2}$, $y = \tan x$ 의 Period는 π, $y = |\tan x|$ 의 Period는 $y = \tan x$ 와 마찬가지로 π 입니다.

다음의 사항들을 반드시 암기합시다!!

암기합시다.

- $y = a\sin(bx \pm c) \pm d$ • $y = a\cos(bx \pm c) \pm d$

① Maximum Value : $|a| \pm d$

② Minimum Value : $-|a| \pm d$

③ Period(Frequency) : $\dfrac{2\pi}{|b|}$

④ Amplitude : $\dfrac{\text{Maximum} - \text{Minimum}}{2}$

- $y = |a\sin(bx \pm c)| + d$ • $y = |a\cos(bx \pm c)| + d$

① Maximum Value : $|a| + d$

② Minimum Value : d

③ Period(Frequency) : $\dfrac{1}{2} \times \dfrac{2\pi}{|b|}$

- $y = |a\sin(bx \pm c)| - d$ • $y = |a\cos(bx \pm c)| - d$

① Maximum Value : $|a| - d$

② Minimum Value : $-d$

③ Period(Frequency) : $\dfrac{1}{2} \times \dfrac{2\pi}{|b|}$

- $y = \tan(bx \pm c)$ • $y = |\tan(bx \pm c)|$

① Maximum Value : 없음   ① Period(Frequency) : $\dfrac{\pi}{|b|}$

② Minimum Value : 없음

③ Period(Frequency) : $\dfrac{\pi}{|b|}$

*꼭 알아야 할 사항!

$\sin x$, $\cos x$ 한 가지에 대해서 정리되어 있을 때, 최대값, 최소값, 주기(Period)를 따질 수 있습니다.

예를 들어, $3\cos(2x) + 1$ 의 최대, 최소, 주기를 알 수 있어도 $\cos x \cdot \sin x$, $\cos 2x \cdot \cos 3x$, $\sin^2 x$ ($\sin x$ 가 두 번 곱해져 있으므로 $\sin x$ 한 가지로 정리) 등의 최대, 최소, 주기는 $\sin x$ or $\cos x$ 한 가지에 대해 정리한 후 Double-angle 공식 또는 Power-reduce 공식을 사용하던지 아니면 계산기를 사용하여 그래프를 그려봐야 알 수 있습니다.

4. 직각삼각형과 직각삼각형이 아닌 삼각형의 해석

- Law of sine
- Law of cosine
- Area

직각삼각형이 아닐 때뿐만 아니라 직각삼각형일 때, 각을 가지고 변의 길이를 구하고 변의 길이로 각을 구하는 방법은 "Law of Sine" 또는 "Law of Cosine" 두 가지가 있고 직각삼각형이 아니더라도 삼각형의 면적을 구할 수 있습니다.

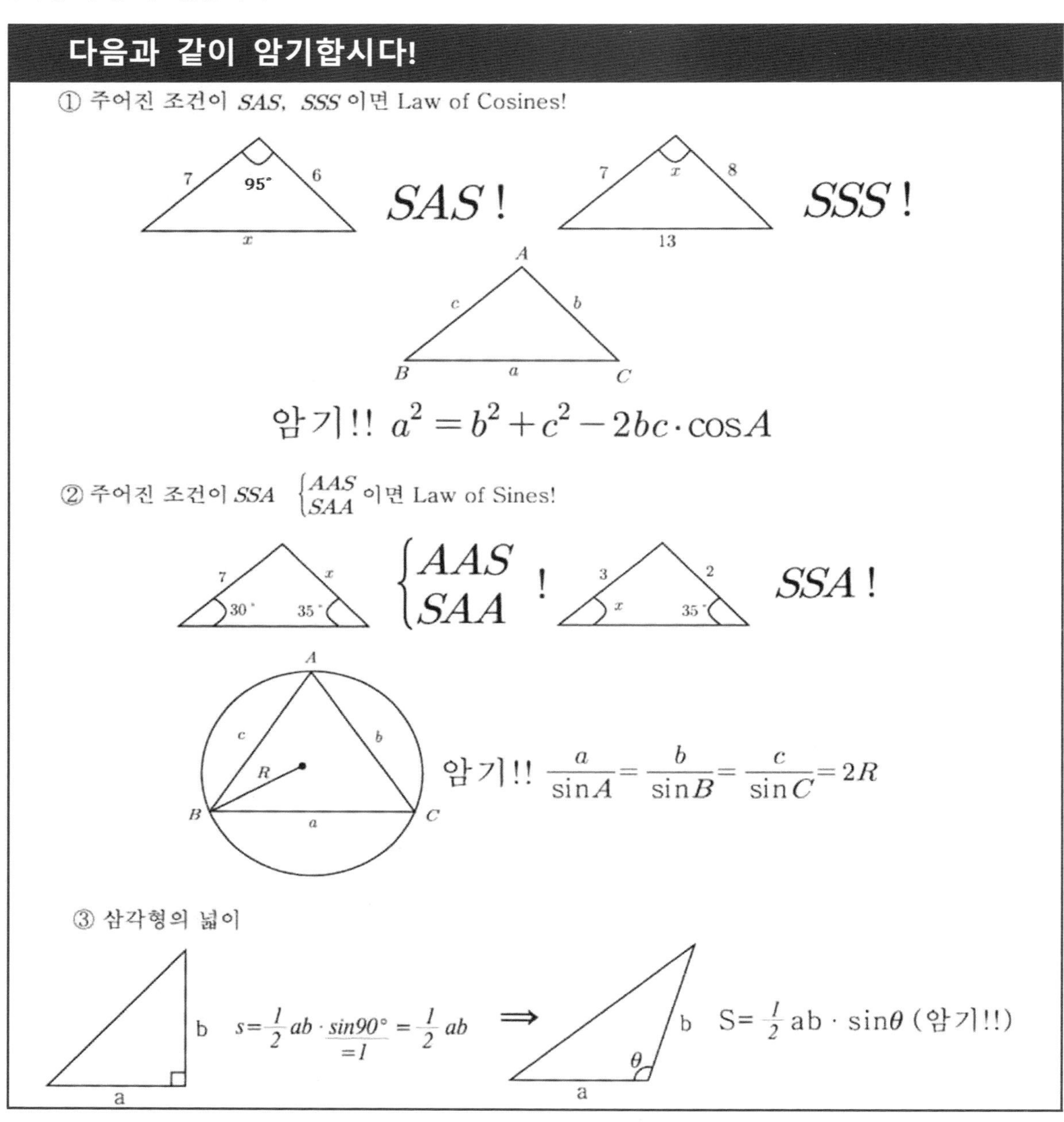

5. 기타 알아두어야 할 내용들

1) Radian $\rightleftharpoons$ Degree

많은 학생들이 π에 대해서 헷갈려 하고 있습니다.

"$\pi = 3.14...?$ or $\pi = 180...?$"

정답은... 둘다 맞습니다. 원래 π는 대략 3.14인데 π에 1radian을 곱하면

즉, $\pi \times (1rad) = 180°$ 인데 보통 1rad는 생략하는 경우가 많아서 $\pi = 180°$라고 하는 것입니다.

다음을 반드시 암기합시다.
$\pi = 3.14...$ $\qquad$ $\pi \times (1rad) = \pi = 180°$

*예를 들어 2radian을 Degree로 바꿔보면 $\pi \times (1rad) = 180°$ 에서 양변에 2를 곱하면

$\pi \times (2rad) = 2 \times 180° = 360°$ 에서 $2rad = \dfrac{360°}{\pi}$

즉, $360°/3.14... = 114.59°$ 가 됩니다. 여기에서 $2rad = 2(rad) = 2$ 는 모두 같은 표현입니다.

(Example) Convert 5 radians into degree measure.

> Solve)
>
> $\pi \times 1rad = 180°$ 이므로 양변에 5를 곱하면 $5 \times \pi \times 1rad = 5 \times 180°$ 에서
>
> $5(rad) = \dfrac{5 \times 180°}{\pi} \approx 286.48°$

2) Trigonometric Equation

(Example) If $\sin\left(\dfrac{5\pi}{12} - x\right) = \dfrac{\sqrt{2}}{2}$ and $0 < x < 90°$, then $x =$

ⓐ $\dfrac{\pi}{6}$ $\qquad$ ⓑ $\dfrac{\pi}{3}$ $\qquad$ ⓒ $\dfrac{\pi}{2}$ $\qquad$ ⓓ $\dfrac{2\pi}{3}$ $\qquad$ ⓔ $\dfrac{5\pi}{6}$

> Solve) ⓐ
>
> 계산기에 $Y_1 = \sin\left(\dfrac{5\pi}{12} - x\right)$, $Y_2 = \dfrac{\sqrt{2}}{2}$ 라고 입력하여 교점의 x좌표를 찾습니다.
>
> WINDOW를 $0 < x < 90° = 0 < x < \dfrac{\pi}{2}$ $(\pi = 3.14)$ 이므로 즉, WINDOW에서 $x_{\min} = 0$,
>
> $x_{\max} = 1.57$ 이라고 입력하여 교점의 x좌표를 찾으면 $x \approx 0.523$
>
> 즉, $x = \dfrac{180°}{3.14} \times 0.523 \approx 29.98 \approx 30° = \dfrac{\pi}{6}$ 가 답이 됩니다.
>
> (암기!! $x = \alpha$ 나오면 $x = \dfrac{180°}{3.14} \times \alpha = \theta$)

수학자 이야기

힐베르트 <Hilbert, David>

독일의 수학자. 쾨니히스베르크 출생. 현대수학의 여러 분야를 창시하여 크게 발전시켰다.

쾨니히스베르크대학을 졸업한 뒤 이 대학의 강사를 거쳐 1893년 교수가 되었다.

95년 괴팅겐대학으로 옮겨, A.후르비츠, H.민코프스키와 함께 괴팅겐대학을 세계 수학의 중심지로 만들었다. 힐베르트의 학풍을 찾아 우수한 수학자들이 많이 모여들었다.

만년에는 나치스의 박해를 받았지만 전혀 굽히지 않았고, 괴팅겐에서 죽었다.

업적은 수학의 거의 모든 부문에 미치고 있으나, 특히 대수적 정수론의 연구, 불변식론의 연구, 기하학의 기초 확립, 수학의 과제로서의 몇몇 문제의 제시, 적분방정식론의 연구와 힐베르트 공간론의 창설, 공리주의수학기초론의 전개 등을 들 수 있다. 특히 저서 《기하학의 기초》(1899)에서 제시한 공리계 (公利系)에 의한 기하학의 이론 구성 문제는 그가 1900년 파리의 수학자회의에서 행한 수학의 전망에 관한 강연과 함께 수학에서의 공리주의의 방향을 자리잡게 함으로써 새로운 시대를 열어 준 획기적인 것이었다.

심선생 MATH SERIES

SAT SUBJECT TEST

MATH LEVEL 2

필수 Concept 완성과 Concept 완성을 위한 핵심 110제

CHAPTER 2

POLAR COORDINATE

본론에 들어가기에 앞서서 다음의 내용을 꼭 읽어봅시다.

Rectangular coordinate (x, y)

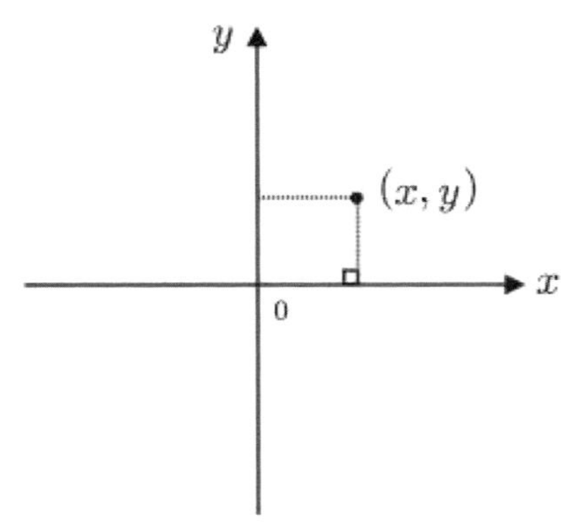

Polar coordinate (r, θ)

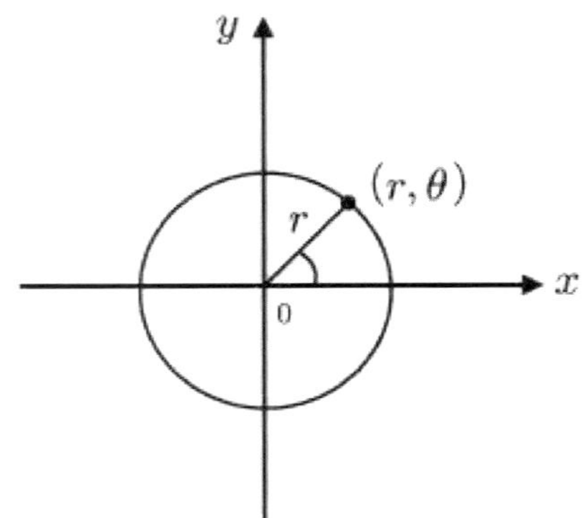

Rectangular Coordinate는 (x, y)로 표현되는 좌표이고 **Polar Coordinates**는 (r, θ)로 표현되는 좌표입니다.

위의 두 그림을 다음과 같이 합쳐서 그리겠습니다. 이 그림을 눈에 익혀둡시다.

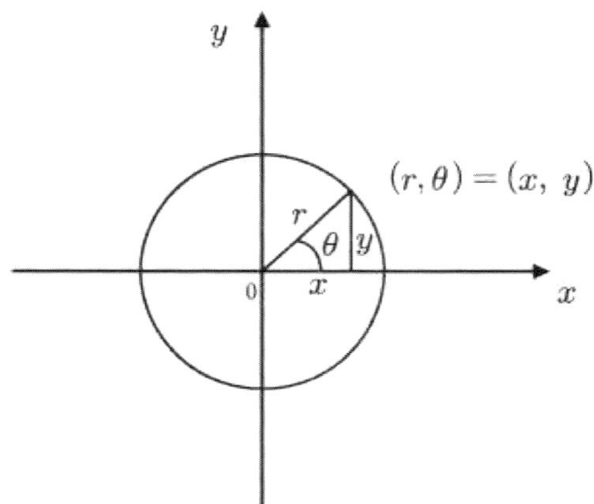

1. Rectangular coordinate $\rightleftharpoons$ Polar coordinate

가장 많이 출제되는 유형이기도 하면서 시중에 나와 있는 모든 문제집에도 소개되어 있는 내용이기도 합니다. 앞장 마지막부분에 그렸던 그림을 떠올리면서 다음을 보도록 합시다.

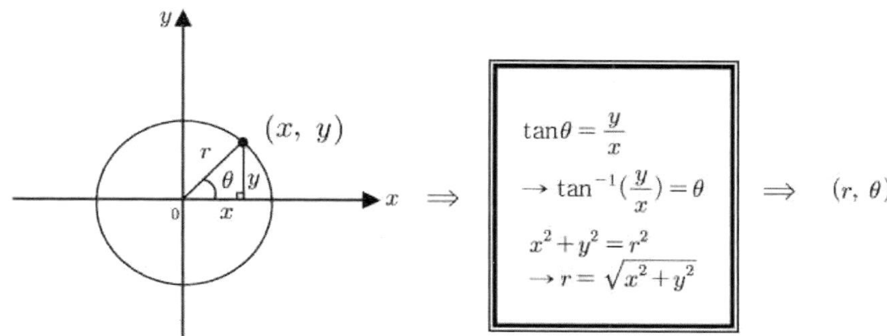

(EXAMPLE 1)

The polar coordinates of a point A are $(2, 130^\circ)$. The rectangular coordinates of A are

ⓐ $(-1.29, 0.79)$　　ⓑ $(-1.53, 1.29)$　　ⓒ $(-1.29, 1.53)$　　ⓓ $(-0.79, 1.53)$　　ⓔ $(1.53, -1.29)$

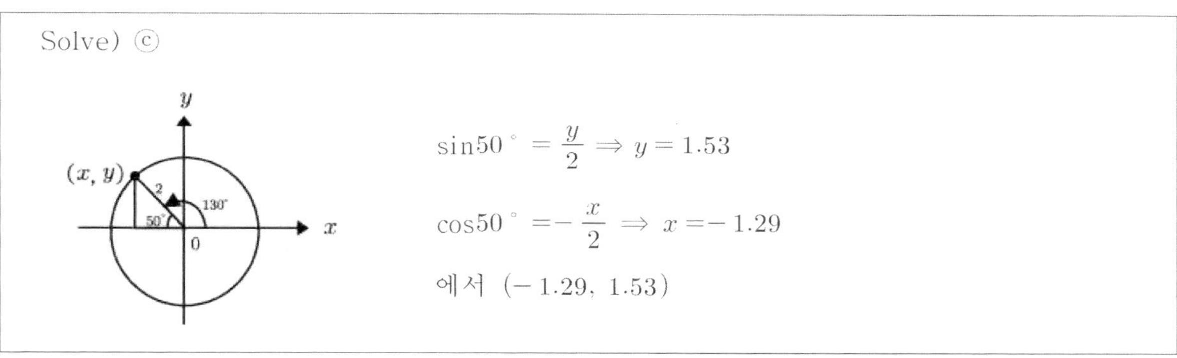

Solve) ⓒ

$$\sin 50^\circ = \frac{y}{2} \Rightarrow y = 1.53$$

$$\cos 50^\circ = -\frac{x}{2} \Rightarrow x = -1.29$$

에서 $(-1.29, 1.53)$

(EXAMPLE 2)

The rectangular coordinates of a point P are $(1, -3)$. The polar coordinates of P are

ⓐ $(-\sqrt{10}, 71.565^\circ)$　　　　ⓑ $(-\sqrt{10}, -288.435^\circ)$　　　　ⓒ $(-\sqrt{10}, -71.565^\circ)$

ⓓ $(\sqrt{10}, 288.435^\circ)$　　　　ⓔ $(\sqrt{10}, 71.565^\circ)$

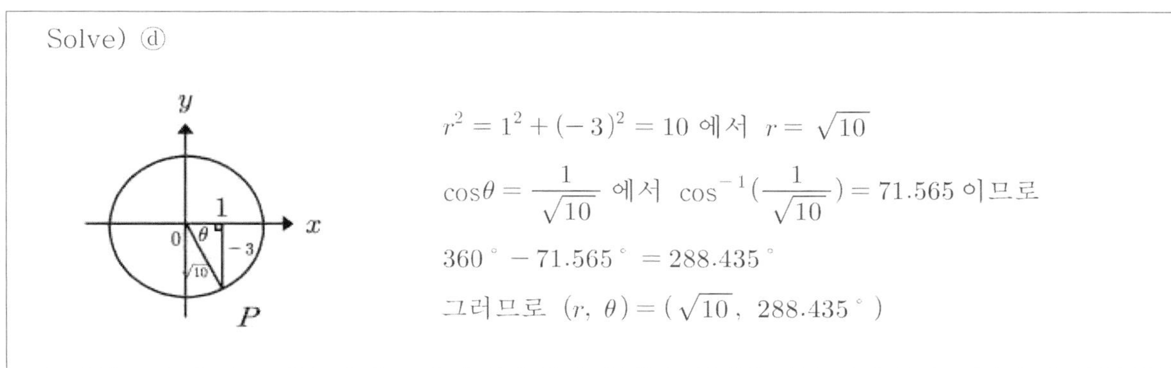

Solve) ⓓ

$$r^2 = 1^2 + (-3)^2 = 10 \text{ 에서 } r = \sqrt{10}$$

$$\cos\theta = \frac{1}{\sqrt{10}} \text{ 에서 } \cos^{-1}\left(\frac{1}{\sqrt{10}}\right) = 71.565 \text{ 이므로}$$

$$360^\circ - 71.565^\circ = 288.435^\circ$$

그러므로 $(r, \theta) = (\sqrt{10}, 288.435^\circ)$

2. Polar Coordinates (r, θ)의 여러 가지 표현법

이 내용은 가끔 출제되는 내용이기는 하지만 꼭 알아두어야 합니다.

자! 다음을 보도록 합시다!
ray가 몇 바퀴를 돌던지 간에 위치만 같으면 같은 좌표가 되는 것입니다.

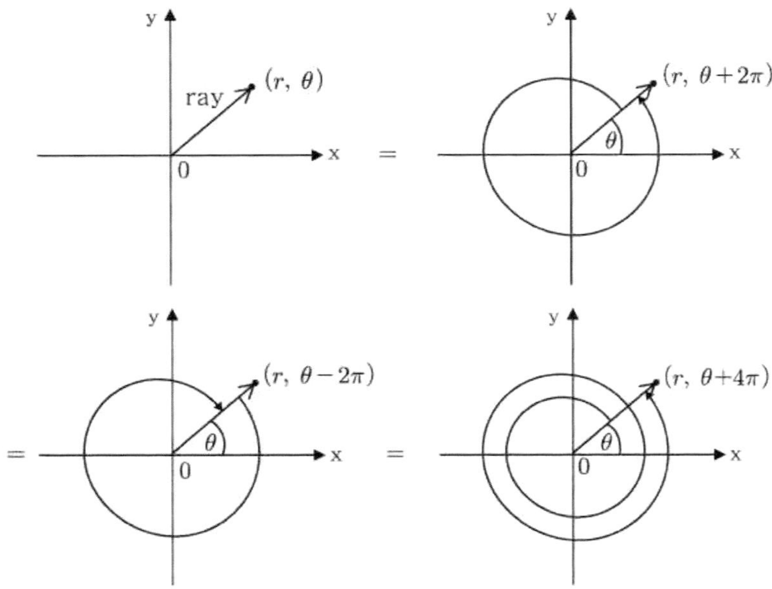

(r, θ) 에서 r과 $-r$은 서로 원점 대칭이 되고 각은 그대로입니다.

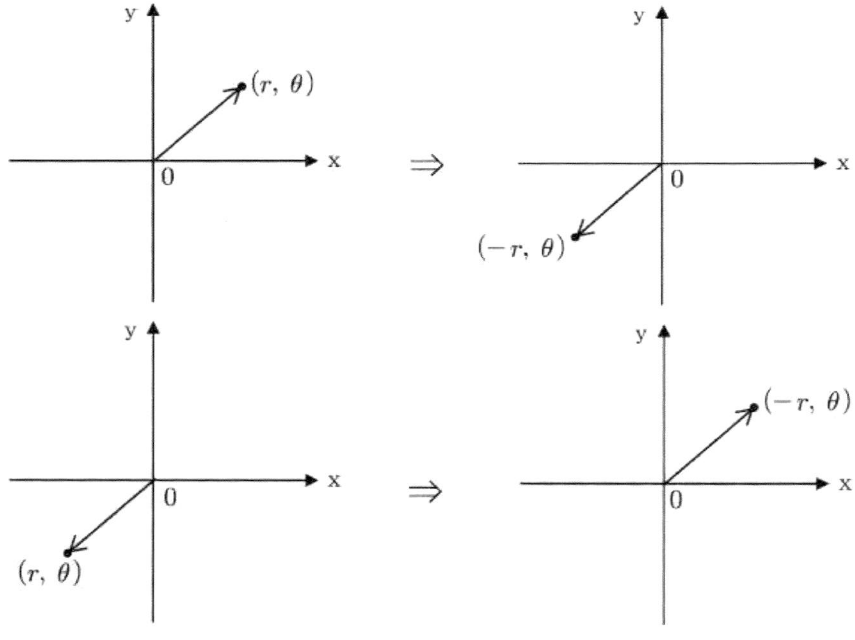

다음의 예를 봅시다. 모두 같은 경우를 나타낸 것입니다.

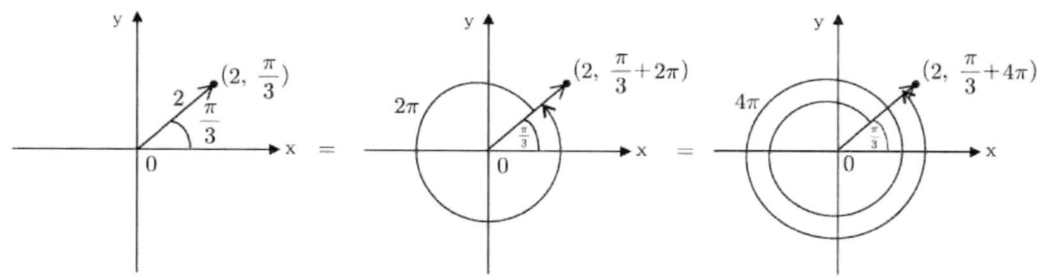

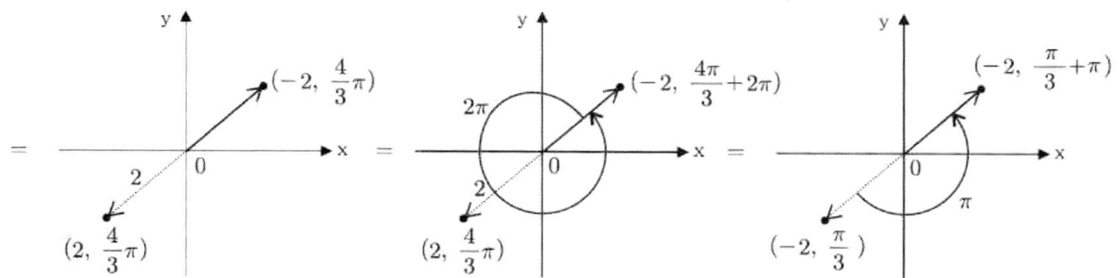

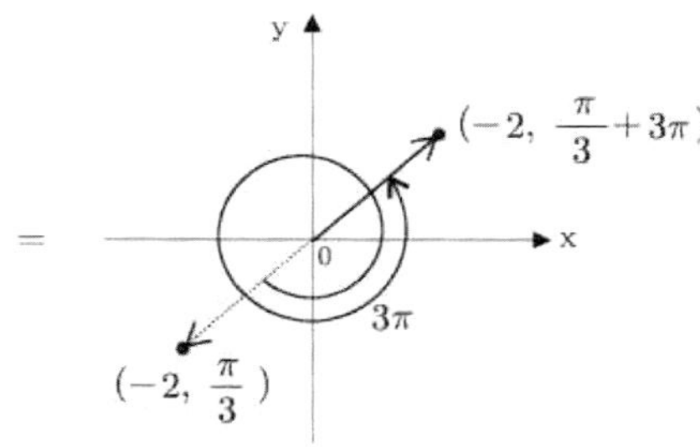

⇒ 지금까지의 내용을 다음과 같이 공식으로 나타낼 수 있습니다.
위의 내용을 이해하시든지 (←강추!) 다음의 공식을 암기하시든지(←덜강추) 하셔야 합니다.
물론 둘 다 알면 더욱 좋습니다. (←더욱강추!)

$$(r,\ \theta) = (r,\ \theta + 2n\pi) = (-r,\ \theta + (2n-1)\pi)\ (\text{※}\ n\ \text{is an integer})$$

(EXAMPLE 3)

Which of the following isn't equivalent to the polar coordinate $(1, \frac{\pi}{3})$?

ⓐ $(-1, \frac{7}{3}\pi)$ ⓑ $(1, \frac{7}{3}\pi)$ ⓒ $(1, -\frac{5}{3}\pi)$ ⓓ $(-1, \frac{4}{3}\pi)$ ⓔ $(-1, \frac{10}{3}\pi)$

Solve) ⓐ

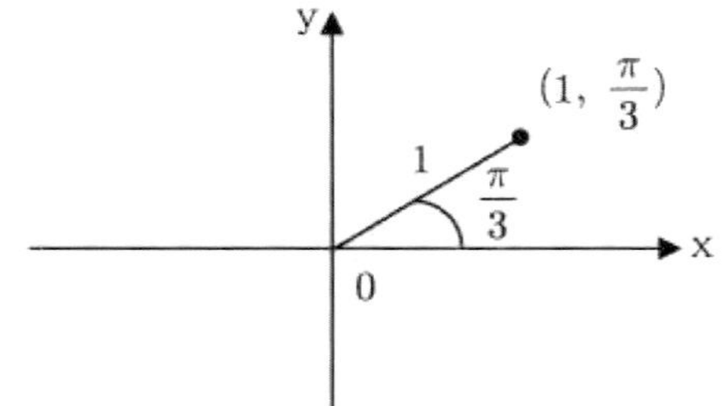
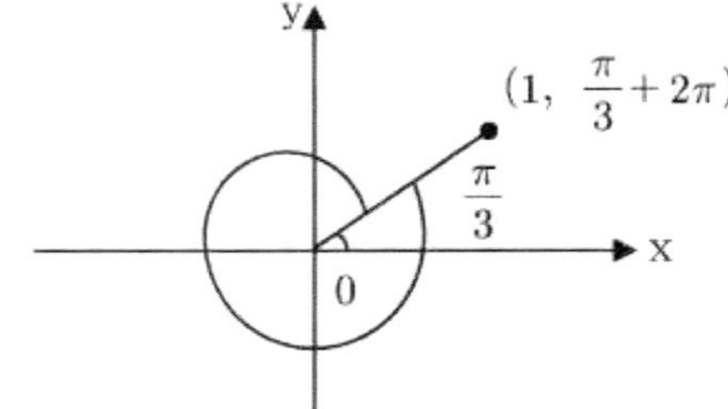

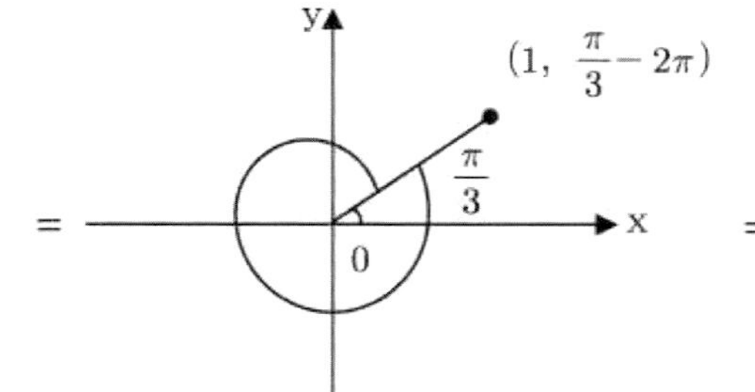
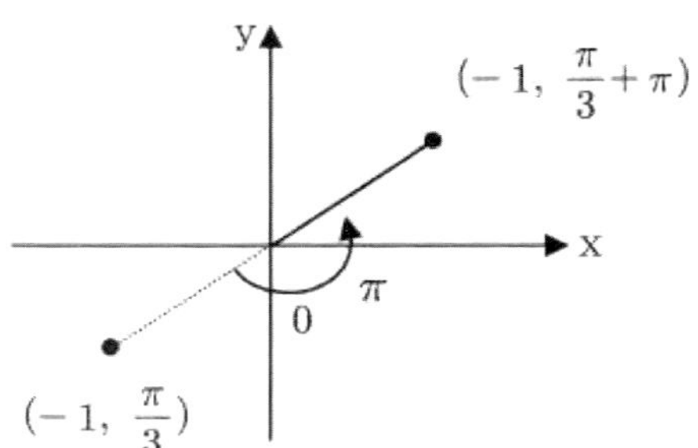

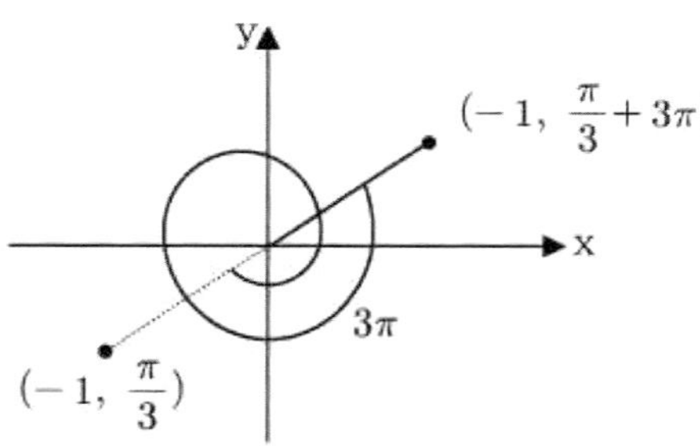

심선생 MATH SERIES

SAT SUBJECT TEST

MATH LEVEL 2

필수 Concept 완성과 Concept 완성을 위한 핵심 110제

CHAPTER 3

SEQUENCE

1. Arithmetic Sequence

다음의 예를 봅시다.

(ex) $1, \underbrace{\quad}_{+2} 3, \underbrace{\quad}_{+2} 5, \underbrace{\quad}_{+2} 7, \underbrace{\quad}_{+2} 9, \underbrace{\quad}_{+2} \cdots$ common difference : $+2$

(ex) $1, \underbrace{\quad}_{+2} -1, \underbrace{\quad}_{-2} -3, \underbrace{\quad}_{-2} -5, \underbrace{\quad}_{-2} -7, \underbrace{\quad}_{-2} \cdots$ common difference : -2

위와 같이 차이가 일정한 수들을 나열하는 것을 Arithmetic Sequence라고 합니다.

<table>
<tr><td colspan="2">다음을 반드시 암기합시다.</td></tr>
<tr><td>$$a_n = a + (n-1)d$$</td><td>a_n : 구하고자 하는 항, 마지막 항
a : 처음 숫자(Initial Value)
d : Common Difference</td></tr>
</table>

다음의 예제들을 봅시다.

(Example 1) The 15th term of 12, 9, 6, 3, $\cdots$ is

ⓐ -30 ⓑ -20 ⓒ -10 ⓓ 0 ⓔ 10

> Solve) ⓐ
>
> 차이가 -3씩 나므로 Arithmetic Sequence이며 공식 $a_n = a + (n-1)d$ 에 대입하면
>
> $a_{15} = 12 + (15-1)(-3) = -30$ 이므로 정답은 ⓐ

2. Geometric Sequence

다음의 예를 봅시다.

(ex) $1, \underset{\times 2}{\frown} 2, \underset{\times 2}{\frown} 4, \underset{\times 2}{\frown} 8, \underset{\times 2}{\frown} 16, \underset{\times 2}{\frown} \cdots$ common ratio : $\times 2$

(ex) $1, \underset{\times \frac{1}{2}}{\frown} -\frac{1}{2}, \underset{\times \frac{1}{2}}{\frown} -\frac{1}{4}, \underset{\times \frac{1}{2}}{\frown} -\frac{1}{8}, \underset{\times \frac{1}{2}}{\frown} -\frac{1}{16}, \underset{\times \frac{1}{2}}{\frown} \cdots$ common difference : -2

위와 같이 일정한 비(Ratio)를 곱한 수들을 나열하는 것을 Geometric Sequence라고 합니다.

다음을 반드시 암기합시다.
$a_n = ar^{n-1} \begin{cases} a_n & : \text{구하고자 하는 항, 마지막 항} \\ a & : \text{처음 숫자} \\ r & : \text{Common Ratio} \end{cases}$

다음의 예제들을 봅시다.

(Example 2) The 7th term of $1, \frac{1}{3}, \frac{1}{9}, \frac{1}{27}, \cdots$ is

ⓐ $\frac{1}{3}$　　ⓑ $\frac{1}{81}$　　ⓒ 3^{-3}　　ⓓ $(\frac{1}{3})^7$　　ⓔ $(\frac{1}{3})^6$

> Solve) ⓔ
>
> $\frac{1}{3}$씩 곱하고 있으므로 Geometric Sequence이며 공식 $a_n = ar^{n-1}$ 에 대입하면
>
> $a_7 = 1(\frac{1}{3})^{7-1} = (\frac{1}{3})^6$ 이므로 정답은 ⓔ

3. The Sum of an Arithmetic Sequence
The Sum of a Geometric Sequence

증명 과정이 있기는 하지만 다음의 공식들을 암기하여 문제에 적용하도록 합시다.

The Sum of an Arithmetic Sequence

① $S_n = \dfrac{n(a + a_n)}{2}$, a는 처음숫자, a_n은 끝수 또는 일반항(General Term)

② $S_n = \dfrac{n\{2a + (n-1)d\}}{2}$, a는 처음숫자, d는 Common Difference

$\Rightarrow$ Difference 보일 때 쓰는 공식

The Sum of an Geometric Sequence

$S_n = \dfrac{a(1 - r^n)}{1 - r} = \dfrac{a(r^n - 1)}{r - 1}$, a는 처음숫자, r은 Common Ratio

(Example 3) If the 15th term of an arithmetic sequence is 90, and the first term is -20, then what is the sum of the first 15 terms of the sequence?

ⓐ 75　　ⓑ 125　　ⓒ 175　　ⓓ 525　　ⓔ 625

Solve) ⓓ

마지막 항이 $a_{15} = 90$ 인 것을 알고 있기 때문에 $S_n = \dfrac{n(a + a_n)}{2}$ 에 대입하면,

$S_{15} = \dfrac{15(-20 + 90)}{2} = 525$ 이므로 정답은 ⓓ

Difference를 알 때는 $S_n = \dfrac{n\{2a + (n-1)d\}}{2}$ 의 공식을, a_n을 알 때는

$S_n = \dfrac{n(a + a_n)}{2}$의 공식을 사용합시다.

(Example 4) The sum of 1, $\dfrac{1}{2}$, $\dfrac{1}{4}$, $\dfrac{1}{8}$, $\dfrac{1}{16}$, $\dfrac{1}{32}$ is

   ⓐ $\dfrac{63}{32}$ ⓑ $\dfrac{32}{63}$ ⓒ $\dfrac{1}{32}$ ⓓ $\dfrac{23}{32}$ ⓔ $\dfrac{1}{64}$

Solve) ⓐ

$a = 1$, $r = \dfrac{1}{2}$, $n = 6$ 이므로, $S_n = \dfrac{a(1-r^n)}{1-r}$ 에 대입하면,

$$S_6 = \frac{1\left(1-\left(\frac{1}{2}\right)^6\right)}{1-\frac{1}{2}} = 2\left(1-\left(\frac{1}{2}\right)^6\right) = 2 - \frac{1}{32} = \frac{63}{32} \text{ 이므로 정답은 ⓐ}$$

4. Integer / Even or Odd Integer

Integer란 -1, 0, 1, 2, ... 와 같은 수들을 말하는데 잘 보면 연속된 Integer들은 Common Difference 가 1인 Arithmetic Sequence이고 Even integer or Odd integer는 Common Difference가 2인 Arithmetic Sequence입니다.

다음의 사항을 꼭 알아둡시다!!

Integer / Even or Odd Integer

① 연속되는 Integer $\Rightarrow$ Common Difference가 1인 Arithmetic Sequence

② 연속되는 Even or Odd Integer $\Rightarrow$ Common Difference가 2인 Arithmetic Sequence

(Example 5) What is the total sum of the even integers from 2 to 222? (2 and 222 inclusive)

ⓐ 12210   ⓑ 12321   ⓒ 12388   ⓓ 12432   ⓔ 12544

Solve) ⓓ

Even integer는 Common difference가 2인 Arithmetic Sequence입니다.

$a_n = 222$ 이고 $a = 2$ 이므로 $a_n = a + (n-1)d$ 에서 즉, $222 = 2 + (n-1) \cdot 2$ 에서 $n = 111$

$$S_{111} = \frac{111(2+222)}{2} = 12432$$

(Example 6) What is the number of odd integers from 5 to 333? (5 and 333 inclusive)

ⓐ 163   ⓑ 164   ⓒ 165   ⓓ 166   ⓔ 167

Solve) ⓒ

Odd integer이므로 Common difference가 2인 Arithmetic Sequence입니다.

$a_n = 333$ 이고 $a = 5$ 이므로 $a_n = a + (n-1)d$ 에서 즉, $333 = 5 + (n-1) \cdot 2$ 에서 $n = 165$

5. Difference Sequence

공식의 암기보다는 Math Level 2에서는 Pattern만 알면 됩니다.

예를 들면

(ex) a_1,　a_2,　a_3,　a_4,　a_5, ⋯ 의 경우 Arithmetic Sequence 또는 Geometric Sequence가

$$\underbrace{1,}_{}\ \underbrace{2,}_{1}\ \underbrace{4,}_{2}\ \underbrace{7,}_{3}\ \underbrace{11,}_{4}$$

아니라서 빼보았더니 계속된 차이가 Arithmetic Sequence를 이루었습니다.

다음의 예를 보면

(ex) a_1,　a_2,　a_3,　a_4,　a_5, ⋯ 의 경우도 위의 예와 마찬가지로 빼보았더니 계속된 차이가

$$\underbrace{1,}_{}\ \underbrace{2,}_{1}\ \underbrace{5,}_{3}\ \underbrace{14,}_{9}\ \underbrace{41,}_{27}$$

Geometric Sequence를 이루었습니다.

이와 같은 것들을 계속된 차이의 수의 나열, 영어로는 Difference Sequence라고 합니다.
즉, Arithmetic Sequence, Geometric Sequence 둘 다 아니면 무조건 빼봅시다!
빼면 Arithmetic Sequence나 Geometric Sequence 중 하나가 반드시 나옵니다.

다음의 예제들을 봅시다.

(Example 7) The 10th term of 1, 2, 5, 10, ⋯ is

> Solve)
>
> $$\underbrace{1,}_{}\ \underbrace{2,}_{1}\ \underbrace{5,}_{3}\ \underbrace{10,}_{5}\cdots \quad \text{계속된 차이가 Arithmetic Sequence}$$
>
> $$a_{10} = 1 + \underbrace{(1+3+5+\cdots)}_{9\text{개의 합}},\ 9\text{개의 합} = \frac{9(2+(9-1)2)}{2} = \frac{9(18)}{2} = 81$$
>
> $$\therefore\ 1 + 81 = 82$$

6. 꼬리를 물고 늘어지는 식 + 여러가지 Sequence

n 대신에 1, 2, 3, 4, …를 대입하여 규칙을 찾습니다.

(Example 8) If $x_1 = 1$ and $x_{n+1} = 2x_n + 3$, then what is x_3?

ⓐ 5 　　　ⓑ 7 　　　ⓒ 9 　　　ⓓ 11 　　　ⓔ 13

Solve) ⓔ

$n = 1, \ x_2 = 2x_1 + 3 = 5$

$n = 2, \ x_3 = 2x_2 + 3 = 13$ 이므로 정답은 ⓔ

$$* \ (9\sim10) \qquad \begin{cases} a_1 = 2 \\ a_n = a_{n-1} + 2n \ (n \geq 2) \end{cases}$$

(Example 9) From the equations above, which of the following arranged correctly in numbers?

ⓐ 2, 6, 12, 20... 　　　ⓑ 2, 6, 10, 20... 　　　ⓒ 2, 6, 12, 18...

ⓓ 2, 6, 12, 22... 　　　ⓔ 2, 6, 12, 24...

(Example 10) Find a_n.

ⓐ n^2 　　　ⓑ $n^2 + n$ 　　　ⓒ $n^2 - n$ 　　　ⓓ $(n^2 - 1)$ 　　　ⓔ $(n^2 + 1)$

Solve) 9. ⓐ 　　　10. ⓑ

9. n대신 2, 3, 4...를 대입하면 $a_2 = a_1 + 4 = 6$, $a_3 = a_2 + 6 = 12$, $a_4 = a_3 + 8 = 20$...

　　이므로 이를 나열하면 2, 6, 12, 20...

10. $\underbrace{2,}_{4} \ \underbrace{6,}_{6} \ \underbrace{12,}_{8} \ 20, \ ...$계속된 차이가 Arithmetic Sequence.

$$a_n = 2 + \underbrace{4 + 6 + 8 + \cdots}_{n-1\text{개의 합}} = 2 + \frac{(n-1)\{2 \cdot 4 + (n-2) \cdot 2\}}{2} = n^2 + n$$

심선생 MATH SERIES

SAT SUBJECT TEST

MATH LEVEL 2

필수 Concept 완성과 Concept 완성을 위한 핵심 110제

CHAPTER 4

VECTOR, STANDARD DEVIATION, MEAN / MODE / MEDIAN

1. Vectors

가끔 출제되는 내용입니다. 여기에서 필자가 설명하는 간단한 개념만 알면 쉽게 해결되는 부분입니다.

바로 본론으로 들어가겠습니다.

① 벡터(Vector)란?　방향 + 크기

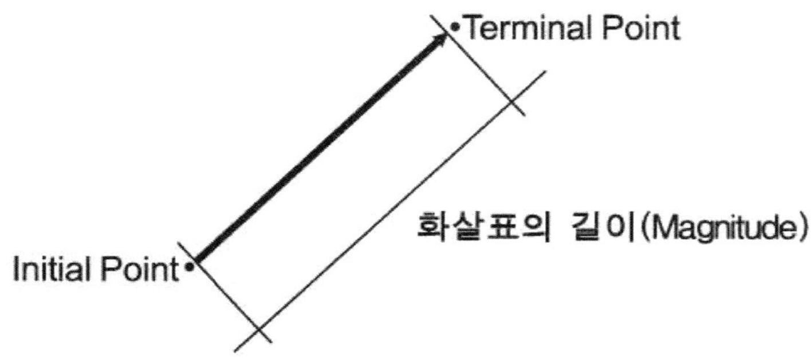

② 벡터(Vector)의 합

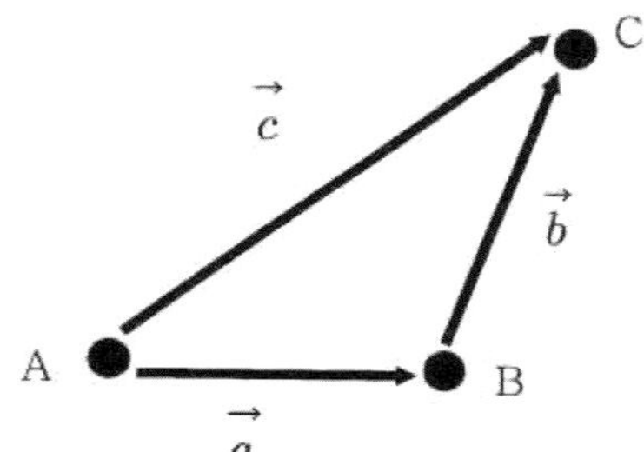

A에서 출발하여 C로 직접 이동한 경우나
A에서 출발하여 B를 거쳐 C로 이동한 경우는
같은 경우입니다.

즉, 표현해보면

$$A \to C\,(\overrightarrow{AC}) = A \to B\,(\overrightarrow{AB}) + B \to C\,(\overrightarrow{BC}) \to \overrightarrow{AC} = \overrightarrow{AB} + \overrightarrow{BC}$$

만약, $\overrightarrow{AC} = \vec{c}$, $\overrightarrow{AB} = \vec{a}$, $\overrightarrow{BC} = \vec{b}$ **라고 하면** $\vec{c} = \vec{a} + \vec{b}$

벡터(Vector)에서 음수(Negative)는 방향이 반대임을 의미합니다. 즉, $\overrightarrow{AB} = -\overrightarrow{BA}$, 그림을 통해 보면

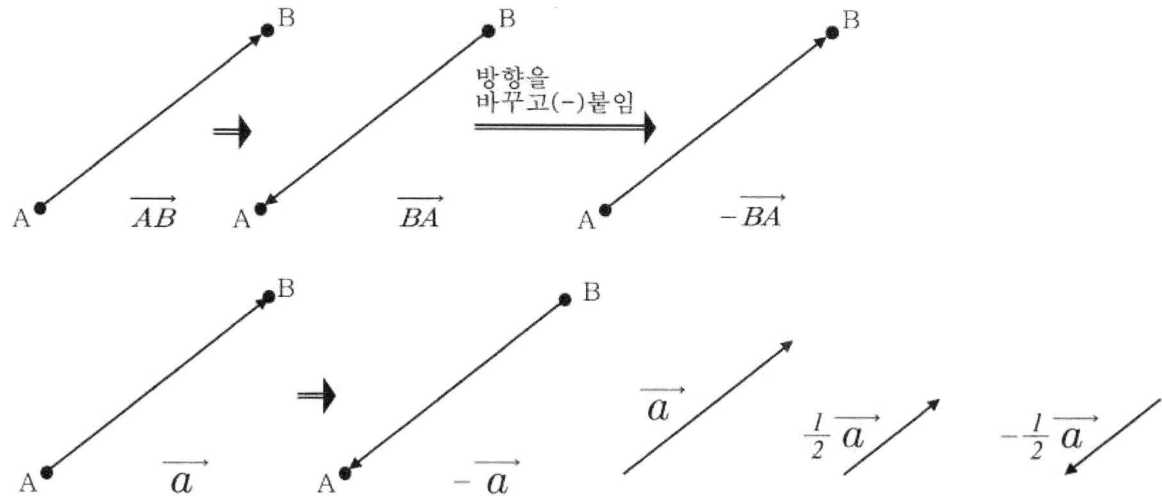

다음의 예를 봅시다.

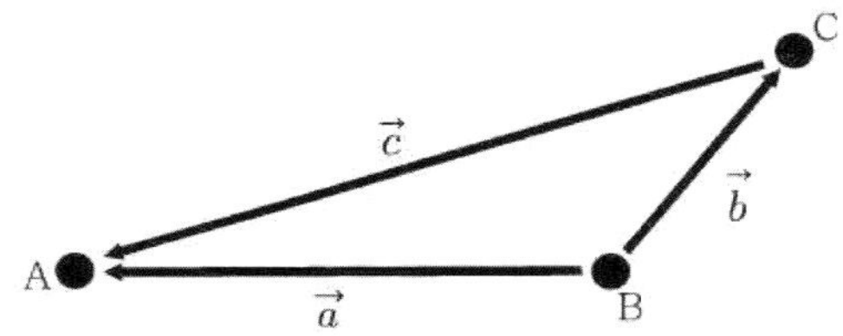

위의 그림에서 $\overrightarrow{CA} = \vec{c}$, $\overrightarrow{BA} = \vec{a}$, $\overrightarrow{BC} = \vec{b}$ 라고 한다면 이때 $\overrightarrow{CA}$ 즉, $\vec{c}$를 $\vec{a}$, $\vec{b}$ 로 표현하면

$$C \to A = C \to B + B \to A = \overrightarrow{CA} = \overrightarrow{CB} + \overrightarrow{BA} \quad \vec{c} = -\vec{b} + \vec{a}$$

그렇다면 다음 그림에서 $\overrightarrow{AB} + \overrightarrow{AC}$ 는 어떻게 될까요?

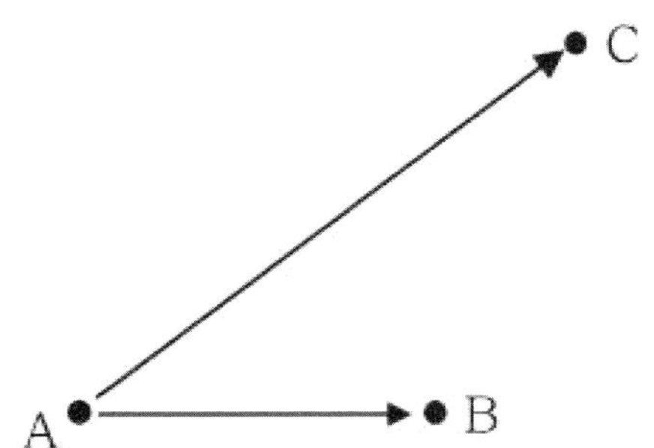

☞ Vector는 방향과 크기(화살표의 길이)만 같으면 되므로 $\overrightarrow{AC}$를 평행 이동 시킵니다.
이동시켜도 화살표의 길이가 변하지 않고 가리키는 방향이 같으므로 같은 벡터입니다.
다음의 그림과 같이 됩니다.

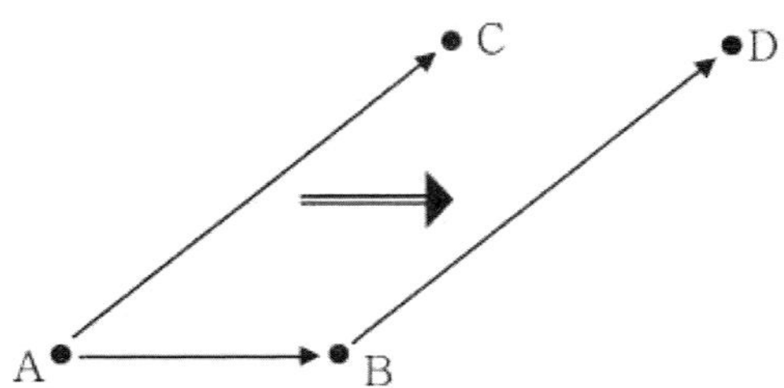

즉, 그림에서 $\overrightarrow{AC}$와 $\overrightarrow{BD}$는 같은 Vector입니다. 그러므로 $\overrightarrow{AB} + \overrightarrow{AC}$는 $\overrightarrow{AB} + \overrightarrow{BD}$와 같게 됩니다.

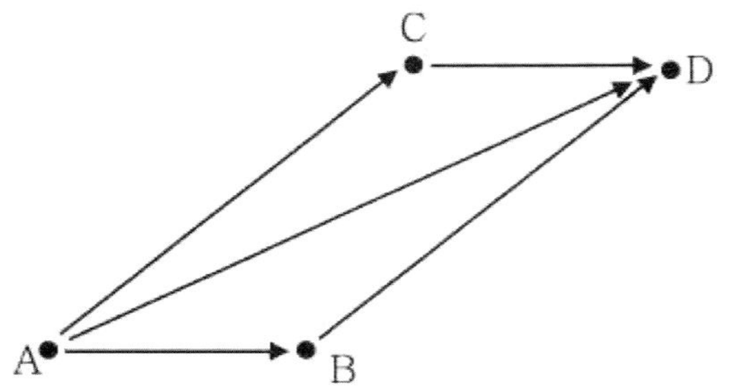

즉, $\overrightarrow{AB} + \overrightarrow{AC} = \overrightarrow{AD}$ 입니다.

③ **Vector는 좌표에 나타낼 수 있으므로 좌표값으로 표현도 가능합니다.**
다음의 그림을 봅시다.

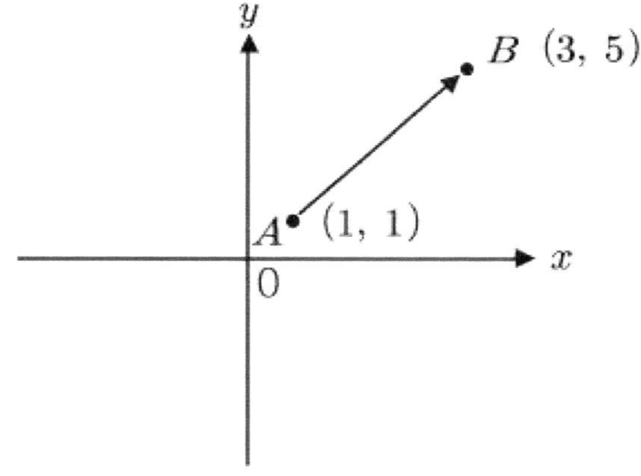

그렇다면, 위 그림에서 $\overrightarrow{AB}$의 크기($|\overrightarrow{AB}|$, Magnitude)는 어떻게 될까요?
그냥 간단히 두 점 사이의 거리를 구하시면 됩니다.
즉, $|\overrightarrow{AB}| = \sqrt{(3-1)^2 + (5-2)^2} = \sqrt{20} = 2\sqrt{5}$

Shim's Math Series

다음의 예제들을 살펴봅시다.

(Example 1) Given the three vectors $\vec{a}$, $\vec{b}$, and $\vec{c}$ in the figure below.
Which of the following expressions denotes the vector operation show?

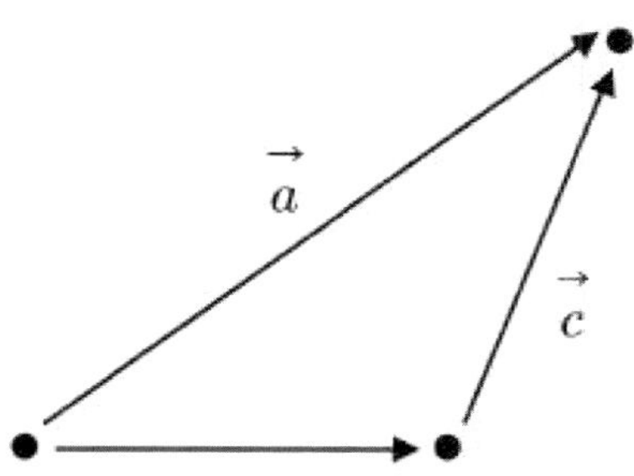

ⓐ $\vec{a} + \vec{b} = \vec{c}$ ⓑ $\vec{a} + \vec{c} = \vec{b}$ ⓒ $\vec{b} + \vec{c} = \vec{a}$

ⓓ $\vec{b} - \vec{a} = \vec{c}$ ⓔ $-\vec{b} - \vec{c} = \vec{a}$

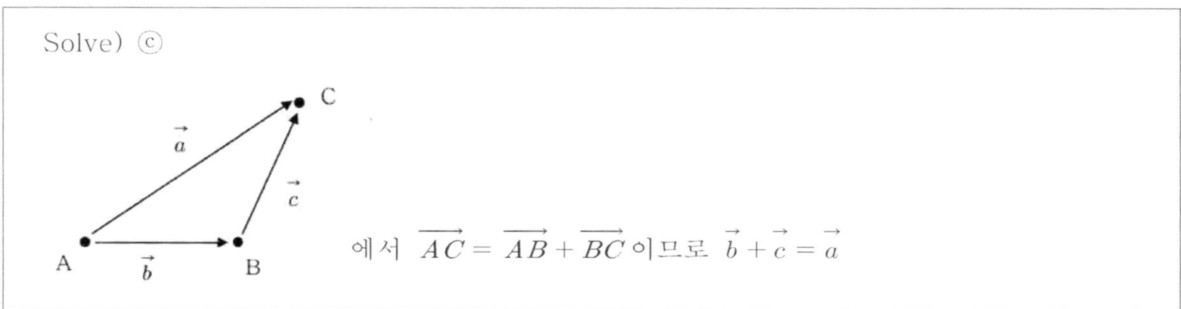

Solve) ⓒ

에서 $\overrightarrow{AC} = \overrightarrow{AB} + \overrightarrow{BC}$ 이므로 $\vec{b} + \vec{c} = \vec{a}$

(Example 2)

What is the magnitude of vector $\vec{a}$ with initial point $(0, 1)$ and terminal point $(2, 5)$?

ⓐ 3.15   ⓑ 3.82   ⓒ 4.17   ⓓ 4.47   ⓔ 5.35

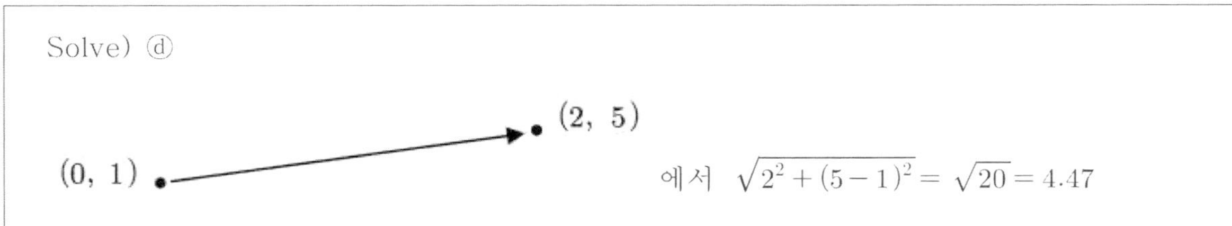

Solve) ⓓ

에서 $\sqrt{2^2 + (5-1)^2} = \sqrt{20} = 4.47$

2. Standard Deviation

Standard deviation은 숫자 간격이 클수록 크고 작을수록 작은 것입니다. 우리나라 말로는 표준편차라고 하는데 여기서는 이**편** 저편 **차**이라고 생각하시면 됩니다. 즉, 5, 5, 5와 3, 5, 7에서 5, 5, 5가 standard deviation이 작은 것입니다. 이편 저편 차이가 3, 5, 7보다 작으니까요.

예를 들어 다음의 두 지도에서 경도(Longitude)와 위도(Latitude)의 평균을 m이라고 할 때, Ⓐ, Ⓑ, Ⓒ 세 사람의 사는 곳을 두 지도 ⓐ, ⓑ에 나타내보면...

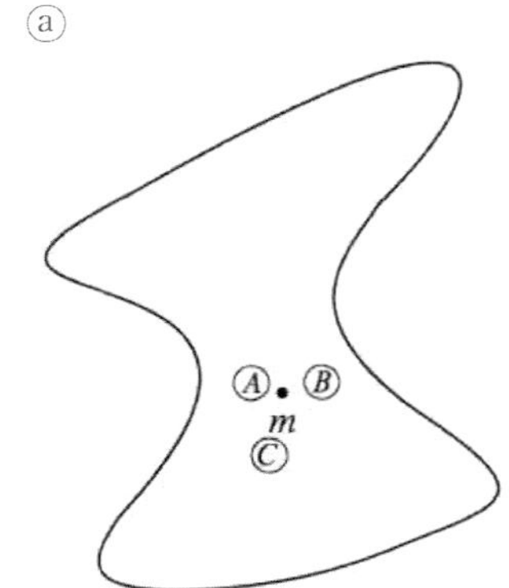

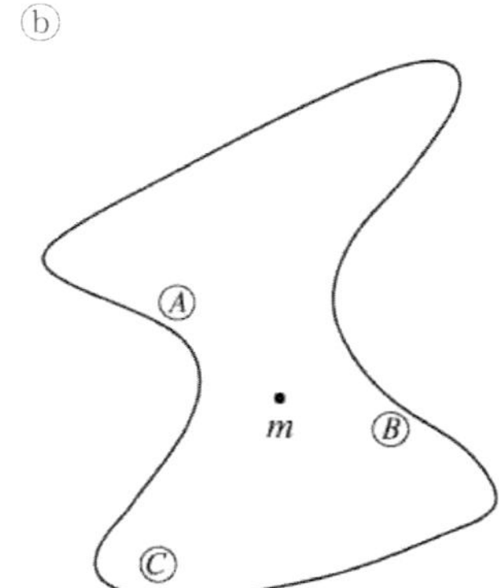

Standard deviation은 ⓑ가 더 크다고 할 수 있습니다.
평균과 세 사람 사는 곳의 차이가 ⓐ보다 ⓑ가 더 크니까요.. ^^m

다음의 예를 봅시다.

1, 2, 2, 5

① Mean $= \dfrac{1+1+2+5}{4} = 2.5$ ② Median $= \dfrac{2+2}{2} = 2$

③ Mode $= 2$ ④ Range $= 5-1 = 4$

⑤ Standard Deviation $= \alpha$ (α 라고 가정)

이제 위의 각각의 수에 $+2$씩 해봅시다.

3, 4, 4, 7

① Mean $= \dfrac{3+4+4+7}{4} = 4.5$ ② Median $= \dfrac{4+4}{2} = 4$

③ Mode $= 4$ ④ Range $= 7-3 = 4$

⑤ Standard Deviation $= \alpha$ (숫자 간 간격이 일정하여 α)

위의 결과에서 보듯이 각각의 수에 일정한 수를 더하고 빼도 Range와 Standard Deviation은 변하지 않는 것을 확인할 수 있습니다.

3. Mean, Mode, Median

자주 출제가 되는 내용이기도 하면서도 난이도도 쉬운 문제에서 어려운 문제까지 골고루 출제가 되고 있습니다. 가끔 AP Statistics의 내용이 출제되기도 합니다. 내용은 단순하지만 문제 유형은 다양합니다. 필자가 설명하는 것들과 소개하는 문제들을 꼼꼼히 공부하시기 바랍니다.

Mean, Mode, Median 구하기

다음의 두 예제를 보면...

	1, 2, 3, 3, 3, 4, 5	**1, 2, 2, 3, 3, 3**
① Mean :	$\dfrac{1+2+3+3+3+4+5}{7}$	$\dfrac{1+2+2+3+3+3}{6}$
② Mode(가장 많이 나온 수) :	3	3
③ Median(가운데 숫자) :	3	$\dfrac{2+3}{2}=2.5$

Stemplot

어느 class에 있는 학생 10명의 몸무게를 조사했더니 다음과 같았다고 한다면...

51, 52, 53, 65, 65, 68, 71, 72, 72, 72

조사된 몸무게들을 Stemplot으로 나타내면

```
5 | 1 2 3
6 | 5 5 8         (* 6 | 8 means 68)
7 | 1 2 2 2
```

① Mean : $\dfrac{51+52+53+65+65+68+71+72+72+72}{10}$

② Mode : 72

③ Median : $\dfrac{65+68}{2}=66.5$

Dotplot and Boxplot

만약 Pam과 Jim의 10번의 Precalculus quiz 성적을 나열하여 보면...

• Pam : 2, 3, 4, 5, 5, 5, 6, 6, 6, 7

• Jim : 1, 2, 3, 4, 4, 4, 6, 7, 9, 9

이를 Dotplot으로 나타내면...

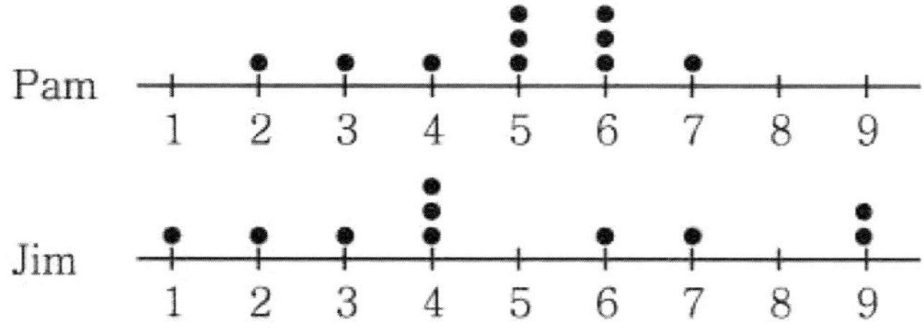

이를 다시 Boxplot으로 나타내려면 우선 다음과 같이 하여야 합니다.

First quartile   Third quartile

· Pam: 2, 3, ④, 5, 5, | 5, 6, ⑥, 6, 7

① Median = $\dfrac{5+5}{2}$ = 5

② First quartile (Q_1)= 4

③ Third quartile(Q_3)= 6

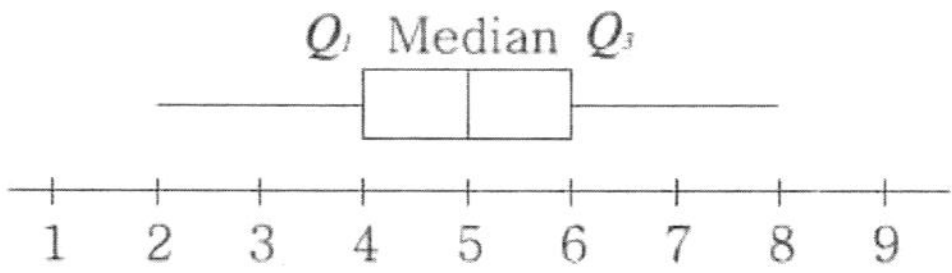

· Jim: 1, 2, ③, 4, 4, | 4, 6, ⑦, 9, 9

① Median = $\dfrac{4+4}{2}$ = 4

② First quartile (Q_1)= 3

③ Third quartile(Q_3)= 7

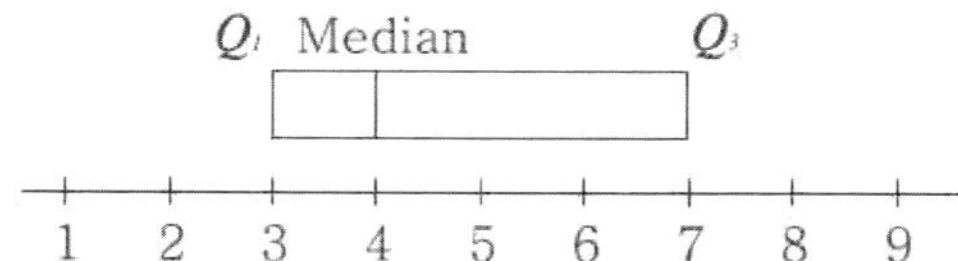

__Mean과 Median의 관계__

예를 들어, 어느 회사에 근무하는 5명 직원의 월급이 각각 80만원, 170만원, 200만원, 250만원, 300만원이라고 한다면

① Mean $= \dfrac{80+170+200+250+300}{5} = 200$ 만원

② Median $= 200$ 만원...

만약 월급이 1400만원인 직원이 이 회사에서 일하게 되었다면 6명 직원의 월급의 Mean과 Median은

① Mean $= \dfrac{80+170+200+250+300+1400}{6} = 400$ 만원

② Median $= \dfrac{200+250}{2} = 225$ ...

이처럼 큰 수 하나가 추가되더라도 Median은 Mean에 비해서 크게 변하지 않는다는 것을 알 수 있습니다.

수학자 이야기

코시 <Cauchy, Baron Augustin Louis>

프랑스의 수학자. 파리 출생. 높은 교양을 지닌 아버지에게 교육을 받고 16세 때 에콜 폴리테크니크에 입학하여 수석으로 졸업하였다. 그 후에 토목기사가 되어 셰르부르의 축항 공사에 종사하면서 수학을 연구하였다.

1815년 수학상의 업적이 인정되어 에콜 폴리테크니크의 교수가 되었고, 이듬해에 과학 아카데미 회원이 되었다. 종교적으로는 가톨릭이며, 정치적으로는 발자크와 같은 정통 왕당파(王黨派)였으며, 왕당원으로서의 지조를 지켜 나갔다.

왕당파로서의 지조 때문에 30년의 7월 혁명으로 왕위에 오른 루이 필립에게 충성을 맹세하지 않았다. 이로 말미암아 프랑스 내에서는 일체의 공직 취임이 불가능하게 되었고, 이탈리아의 토리노로 피신하였으며, 여기서 그를 위해 창설된 새로운 강좌를 맡아 강의하기도 하였다.

그 후 5년간을 프라하에서 지내다가 38년 파리로 돌아왔다. 48년 나폴레옹 3세가 즉위한 뒤에야 공직에의 취임이 허용되어 소르본대학 교수가 되어 평생 교수직에 있었다. 주요 업적으로 복소 변수함수론과 해석학에서의 엄밀성을 주장한 것을 들 수 있다. 18세기에 발견된 미적분학은 달랑베르 시대로부터 코시와 같은 시대 사람인 가우스, 아벨, 볼차노에 의해 대표되는 새로운 엄밀성의 시대로 바뀌고 있었다. 이것의 대표적 예를, 적분의 존재를 증명한 '존재증명'에서 볼 수 있다.

복소 변수함수론은 코시에 의해 유체역학과 공기역학에서의 유용한 도구로부터 수학 연구의 독립된 분야가 되었다. 1814년 이후로는 끊임없이 함수론에 관하여 논문을 썼으며, 25년 유수(留數)를 지니고 있는 코시의 적분정리를 발표하였다.

파리의 과학아카데미가 학회지 《Comptes Rendus》에 보내오는 그의 논문의 길이를 제한해야 할 정도로 그의 연구는 다방면에 걸쳐 대단히 많았다고 한다. 그의 연구에서, 빛의 이론과 역학에 대한 공헌도 있으며, 탄성(彈性)의 수학적 이론을 L.M.H. 나비에와 함께 기초 작업을 이루어 놓은 점 또한 중요한 것이다. 《해석학 교정》에서는 현재 교과서에서 쓰이고 있는 미적분의 기초를 남겼으며, 38년에는 미분방정식의 풀이에 관하여 최초의 존재증명을 하였다.

심선생 MATH SERIES

SAT SUBJECT TEST

MATH LEVEL 2

필수 Concept 완성과 Concept 완성을 위한 핵심 110제

CHAPTER 5

점과 좌표, %, CIRCLE

LOCUS EQUATION, Z-SCORE

1. 점과 좌표, 선분길이

① 두 점 사이의 거리 (Distance)

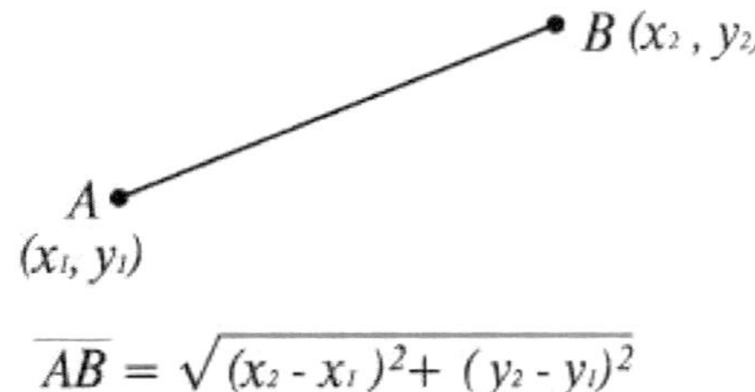

$$\overline{AB} = \sqrt{(x_2 - x_1)^2 + (y_2 - y_1)^2}$$

$$\overline{AB} = \sqrt{(x_2 - x_1)^2 + (y_2 - y_1)^2 + (z_2 - z_1)^2}$$

② 중점좌표 (Midpoint)

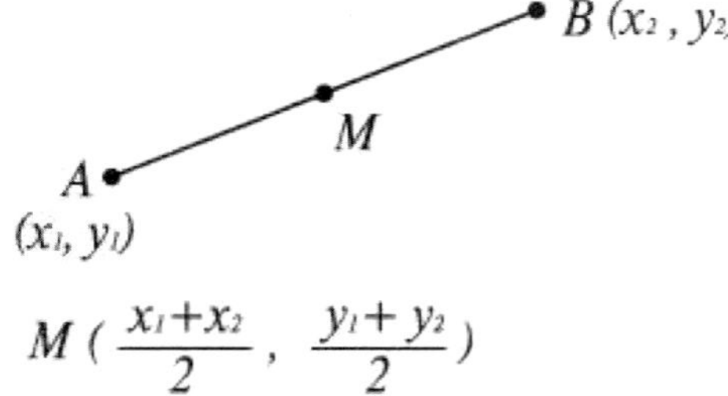

$$M\left(\frac{x_1 + x_2}{2}, \ \frac{y_1 + y_2}{2}\right)$$

$$M\left(\frac{x_1 + x_2}{2}, \ \frac{y_1 + y_2}{2}, \ \frac{z_1 + z_2}{2}\right)$$

③ 내분점 (Internal Division Point)

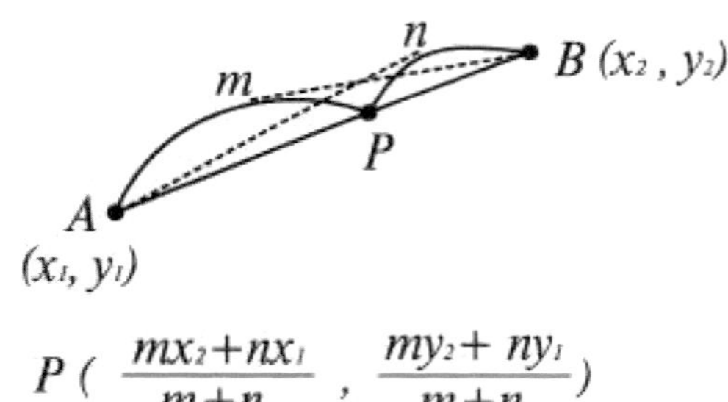
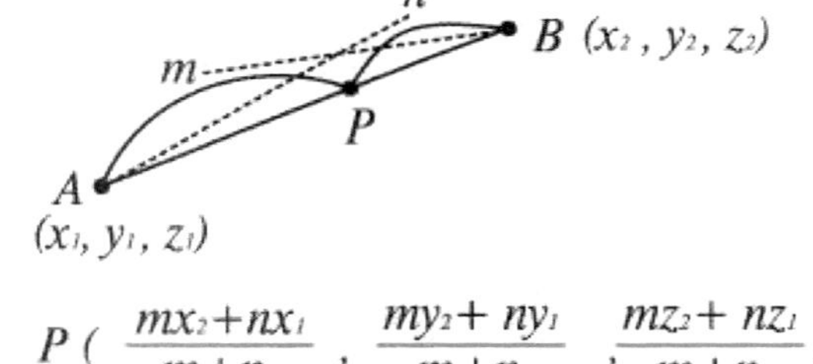

$$P\left(\frac{mx_2 + nx_1}{m+n}, \ \frac{my_2 + ny_1}{m+n}\right)$$

$$P\left(\frac{mx_2 + nx_1}{m+n}, \ \frac{my_2 + ny_1}{m+n}, \ \frac{mz_2 + nz_1}{m+n}\right)$$

④ 외분점 (External Division Point)

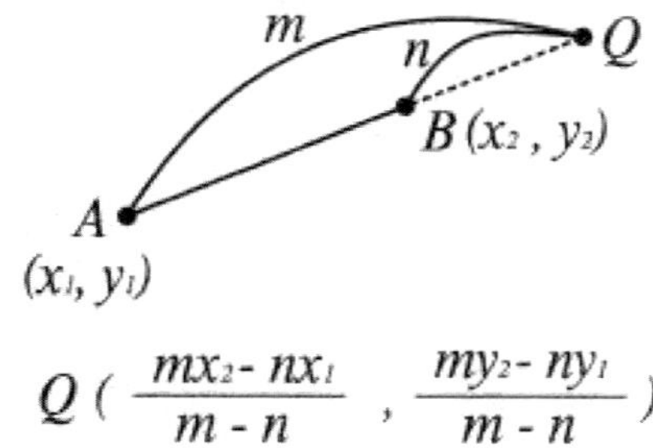
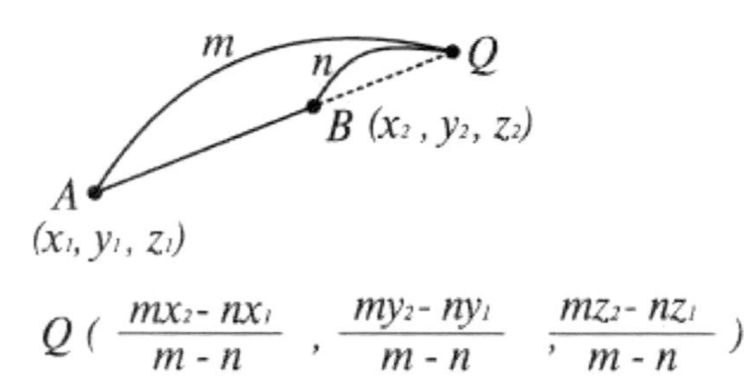

$$Q\left(\frac{mx_2 - nx_1}{m-n}, \ \frac{my_2 - ny_1}{m-n}\right)$$

$$Q\left(\frac{mx_2 - nx_1}{m-n}, \ \frac{my_2 - ny_1}{m-n}, \ \frac{mz_2 - nz_1}{m-n}\right)$$

2. % 표현문제

Math Level 2 최근 출제되는 문제들을 보면 풀이는 간단한 문제인데 문장이 긴 경우가 많았습니다.
그러다보니 어려운 문제라고 생각하여 못 풀고 그냥 넘어가는 학생들이 많이 있었습니다.
절대로 어려운 문제가 아니므로 다음 설명된 것들을 잘 읽어 보도록 합시다. …

- 전체 무게의 30% … ☞ 전체무게 $\times 0.3$

- 수입이 10% 증가하였다. ☞ 수입 + 수입 $\times 0.1$ = 수입(1.1)

- 10년 동안 매년 물가가 2%씩 증가하였다. …

☞ 현재 물가

$\xrightarrow{\text{1년 뒤}}$ 현재물가 + 현재물가$\times 0.02$ = 현재물가(1.02)

$\xrightarrow{\text{2년 뒤}}$ 현재물가(1.02) + 현재물가(1.02)$\times(0.02)$ = 현재물가(1.02)(1+0.02)

= 현재물가$(1.02)^2$

1년 뒤 현재물가(1.02), 2년 뒤 현재물가$(1.02)^2$ …

이므로 10년 뒤의 물가는 현재물가$(1.02)^{10}$ …

- **Right cylinder**의 반지름이 30% 증가하고 높이는 40% 감소하였다. …

☞ $V = \pi r^2 h \Rightarrow V = \pi \cdot (r+0.3r)^2 \cdot (h-0.4h)$

$\qquad \Rightarrow V = \pi \cdot (1.3r)^2 \cdot (0.6)h$

$\qquad \Rightarrow V = (1.3)^2 \cdot (0.6)\pi r^2 h$

---

3. Circle

Circle

압정, 실, 펜으로 다음과 같이 그려봅시다.

①

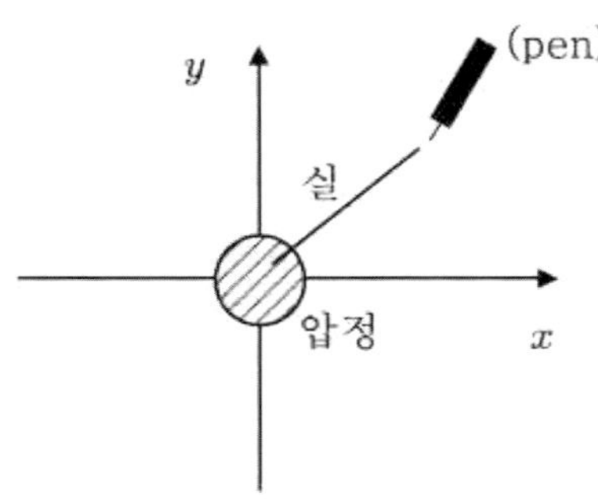

원점에 압정을 고정시키고 실을 묶은 후 실 끝에 펜을 묶습니다.

②

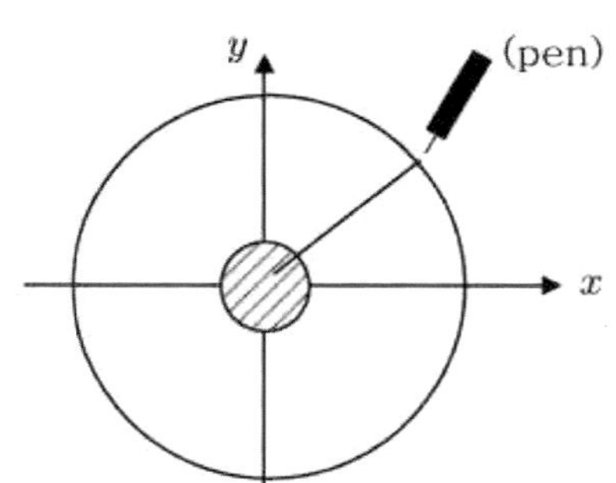

실을 팽팽하게 하여 펜을 한 바퀴 돌리면 원이 됩니다.

☞ 압정의 위치가 Center 입니다.
실의 길이가 반지름 (Radius) 입니다.

☞ 실의 길이는 변하지 않습니다. 즉, 원(Circle)이란 …

"한 정점과 그와 거리가 일정한 점들의 집합"

입니다.

다음의 그림을 봅시다.

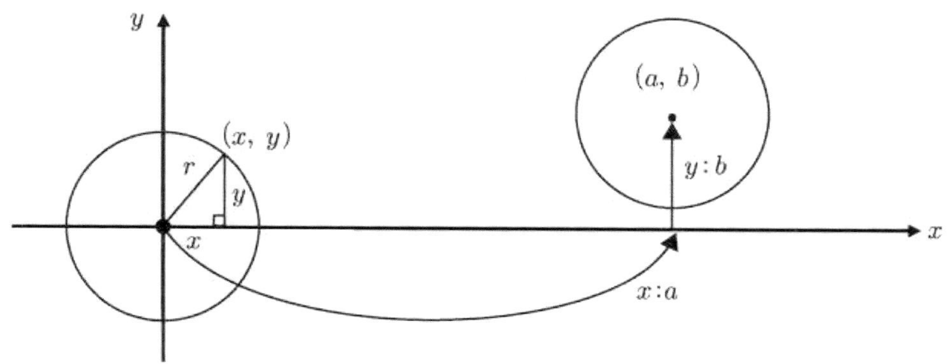

피타고라스 정리에 의해 $x^2 + y^2 = r^2$ $\xrightarrow[y\text{축}\,:\,b\,\text{이동}]{x\text{축}\,:\,a\,\text{이동}}$

$$(x-a)^2 + (y-b)^2 = r^2 \begin{cases} \text{Center } (a,\,b) \\ \text{반지름} : r \text{ 이동하여도 반지름에 변화 없음} \end{cases}$$

Circle

$Ax^2 + By^2 + Cx + Dy + E = 0 \ (A = B)$ 를 Standard Form으로 고쳐야 Center와 Radius를 알 수 있습니다.

Standard Form : $(x-a)^2 + (y-b)^2 = r^2$

Circle에 대해 요약하면

① 한 정점과 그와 거리가 일정한 점들의 집합

② $(x-a)^2 + (y-b)^2 = r^2$ 에서 $\begin{cases} \text{center} : (a,\,b) \\ \text{반지름} : r \end{cases}$

두 원의 위치 관계

두 원이 나오면 무조건 두 원의 중심을 연결하여야 합니다.
다음의 경우를 봅시다.

① 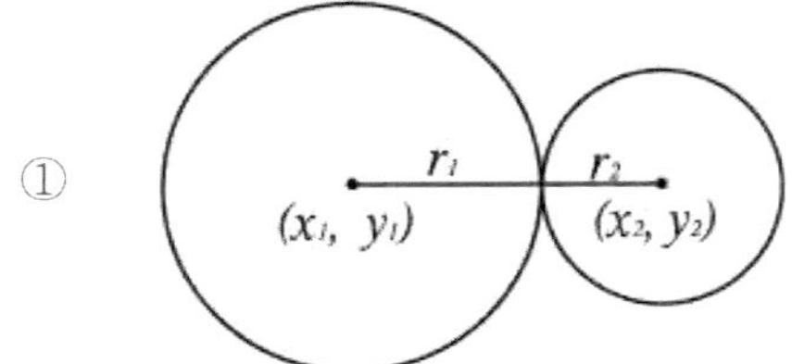
중심 사이의 거리 = 반지름의 합.
$$\sqrt{(x_2 - x_1)^2 + (y_2 - y_1)^2} = r_1 + r_2$$

② 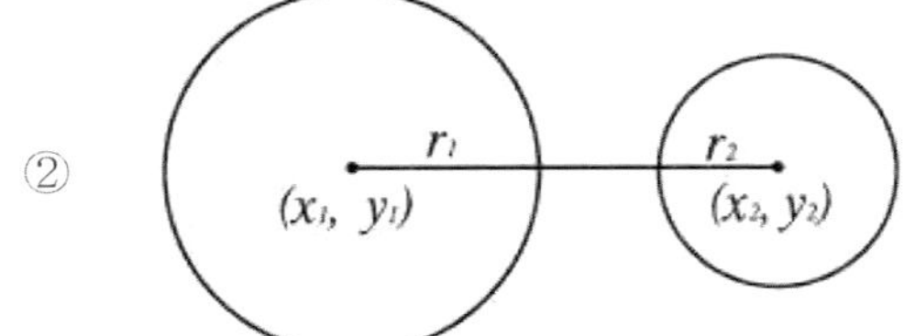
중심 사이의 거리 > 반지름의 합
$$\sqrt{(x_2 - x_1)^2 + (y_2 - y_1)^2} > r_1 + r_2$$

③ 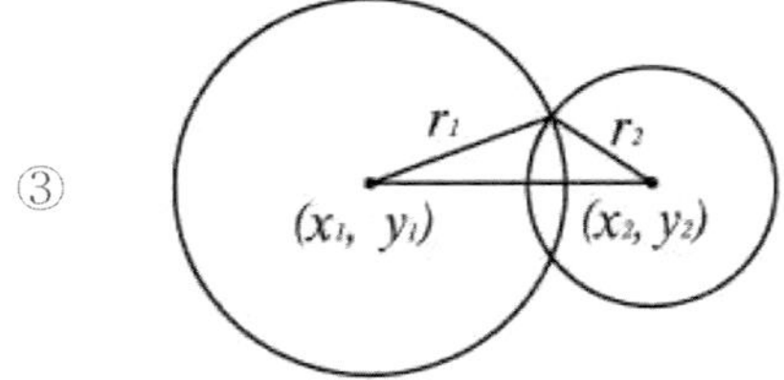
중심 사이의 거리 < 반지름의 합
$$\sqrt{(x_2 - x_1)^2 + (y_2 - y_1)^2} < r_1 + r_2$$

(Example 1) A set of points on plane that are equidistant from a fixed point is

ⓐ Line　　　　ⓑ Circle　　　　ⓒ Parabola　　　　ⓓ Ellipse　　　　ⓔ Hyperbola

Solve) ⓑ
한 고정된 점으로부터 거리가 일정한 점들의 집합 ☞ "원"

(Example 2) What is the equation of a circle with the $xy-$ coordinates $(3, -2)$ as its center and a radius of 10?

ⓐ $(x+3)^2 + (y-2)^2 = 10^2$　　　　ⓑ $(x+2)^2 + (y-3)^2 = 10^2$　　　　ⓒ $(x-3)^2 + (y+2)^2 = 10^2$

ⓓ $(x-3)^2 + (y-2)^2 = 10^2$　　　　ⓔ $(x+3)^2 + (y+2)^2 = 10^2$

Solve) ⓒ
Center $(3, -2)$, radius=10이므로 $(x-3)^2 + (y+2)^2 = 10^2$

4. 자취(Locus) 방정식

자취 방정식 형태로 나오기도 하고 매개변수(Parameter) 방정식으로 출제되기도 합니다.
문제풀이는 간단합니다. ($\underbrace{\bullet}_{x}$, $\underbrace{\bullet}_{y}$)라 놓고 x, y 의 관계식만 세워주면 됩니다.

즉, 매개변수(Parameter)를 없애면 됩니다. 예를 들어 $(\sin\theta, \cos\theta)$는 Circle을 나타냅니다.
$x = \sin\theta$, $y = \cos\theta$로 놓고 양변을 제곱하여 더하면 $x^2 + y^2 = \sin^2\theta + \cos^2\theta = 1$
이 되므로 Parameter인 θ가 없어지고 x, y에 대한 식이 나오게 됩니다.

$(2\cos\theta,\ 3\sin\theta)$의 경우에는 $2\cos\theta = x$, $3\sin\theta = y$ 라고 놓고 $\cos\theta = \dfrac{x}{2}$, $\sin\theta = \dfrac{y}{3}$

이므로 양변을 제곱하여 더하면 $(\dfrac{x}{2})^2 + (\dfrac{y}{3})^2 = \sin^2\theta + \cos^2\theta = 1$, 즉 Ellipse가 됩니다.

(Example 3) What does $(\sqrt{t},\ t)$ represent?

ⓐ Parabola ⓑ Circle ⓒ Ellipse ⓓ Hyperbola ⓔ Line

> Solve) ⓐ
>
> $\sqrt{t} = x$, $t = y$ 라고 놓고 t 대신 y를 대입하면 $\sqrt{y} = x$ 를 구할 수 있고
> 양변을 제곱하면 $y = x^2$ 이 되므로 Parabola.

5. Z-Score

AP Statistics 범위의 내용이지만 Math level 2를 준비하는 학생들은 반드시 알아야 할 내용입니다.
다음과 같이 간략하게 알아둡시다. 문제에서 Standard Deviation과 Mean을 제시하고 확률(Probability)
을 묻는 문제는 다음의 그림과 식을 이용하면 됩니다.

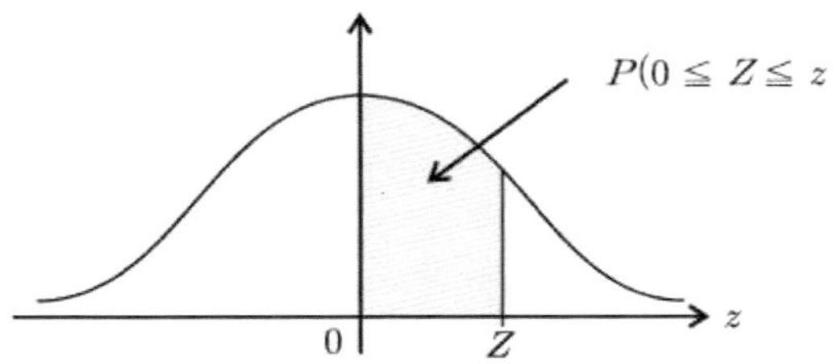

$$Z = \frac{x - Mean}{Standard\ \ Deviation}$$

$\Rightarrow$

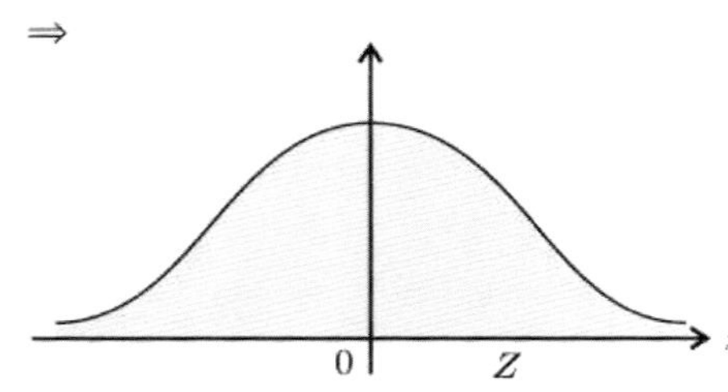

면적이 의미하는 것은 Probability이므로
전체 면적은 1이고 양쪽이 대칭(Symmetry)이므로
0 이상 부분의 면적은 0.5

(Examples)

Z	$P(0 \leq Z \leq z)$
1.0	0.34
1.5	0.43
2.0	0.48

① $P(Z \geq 1) \Rightarrow$ 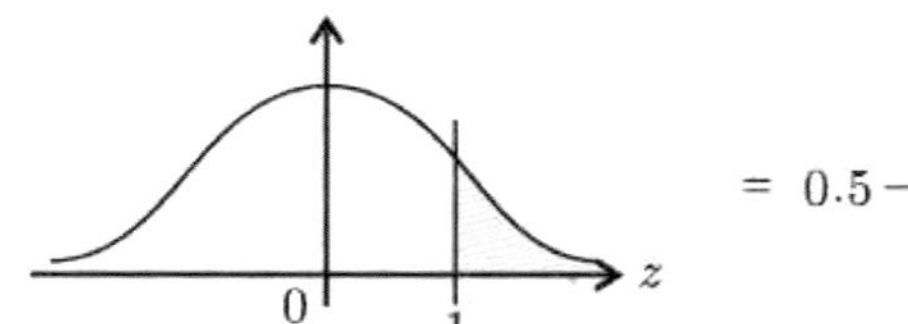 $= 0.5 - 0.34 = 0.16$

② $P(0 \leq Z \leq 1) \Rightarrow$ 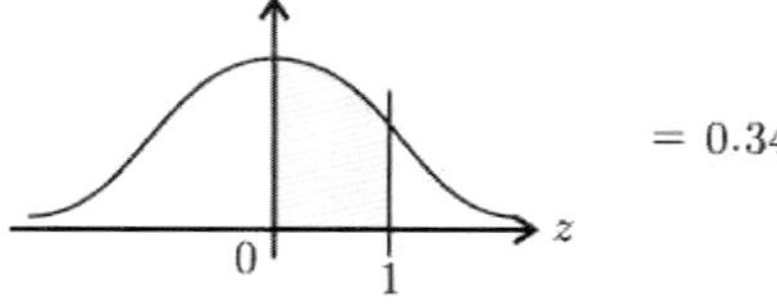 $= 0.34$

③ $P(Z \geq 1.5) \Rightarrow$ 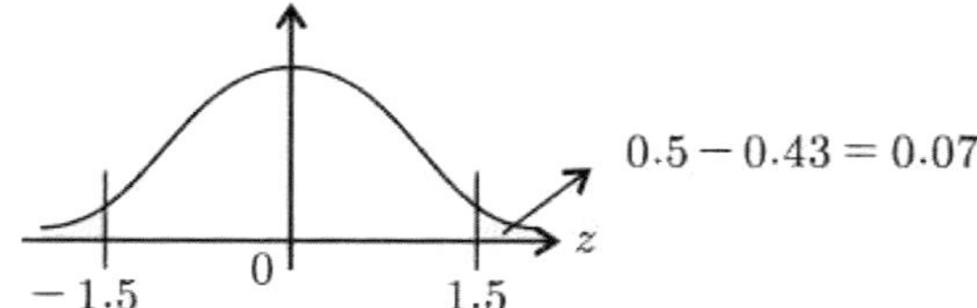 $0.5 - 0.43 = 0.07$

심선생 MATH SERIES

SAT SUBJECT TEST

MATH LEVEL 2

필수 Concept 완성과 Concept 완성을 위한 핵심 110제

CHAPTER 6

LOG, EXPONENT

1. Logarithm

log의 기본적인 성질만 알고 있으면 대부분 문제가 쉽게 해결되는 부분이기도 합니다.

다음의 log성질들을 익혀둡시다.

① $\log_a b = n \Leftrightarrow a^n = b$

② $\log_a b \begin{cases} a \neq 1, a > 0 \\ b > 0 \end{cases}$

③ log의 정의

* $\log_a 1 = 0$

* $\log_a a = 1$

* $\log a + \log b = \log ab$

* $\log a - \log b = \log \dfrac{a}{b}$

* $\log_{a^m} b^n = \dfrac{n}{m} \log_a b$

* $\log_a b^n = n \cdot \log_a b$

* $a^{\log_a b} = b^{\log_a a} = b$

* $\log_a b = \dfrac{\log b}{\log a}$

(ex) $\log_2 7 = \dfrac{\log 7}{\log 2} = 2.81$

* $\log_a b = \dfrac{1}{\log_b a}$

(ex) $\log_7 10 = \dfrac{1}{\log_{10} 7} = 1.18$

* 계산기의 log는 밑수(base)가 모두 10입니다. 즉, $\log_{10} 7 = \log 7$인 것입니다. 참고로 $\log_e 7 = \ln 7$입니다.

다음의 예제들을 봅시다.

(Example 1) Which of the followings is different from the others?

ⓐ $\log_2 4$ ⓑ $\log_5 25$ ⓒ $\log_{\frac{1}{3}} \dfrac{1}{9}$ ⓓ $\log_4 8$ ⓔ $\log 100$

Solve) ⓓ

ⓐ $\log_2 4 = \begin{cases} \log_2 2^2 = 2 \cdot \log_2 2 = 2 \\ \dfrac{\log 4}{\log 2} = 2 \end{cases}$

ⓑ $\log_5 25 = \begin{cases} \log_5 5^2 = 2 \cdot \log_5 5 = 2 \\ \dfrac{\log 25}{\log 5} = 2 \end{cases}$

ⓒ $\log_{\frac{1}{3}} \dfrac{1}{9} = \begin{cases} \log_{\frac{1}{3}} (\dfrac{1}{3})^2 = 2 \\ \dfrac{\log \frac{1}{9}}{\log \frac{1}{3}} = 2 \end{cases}$

ⓓ $\log_4 8 = \begin{cases} \log_{2^2} 2^3 = \dfrac{3}{2} \cdot \log_2 2 = \dfrac{3}{2} \\ \dfrac{\log 8}{\log 4} = 1.5 = \dfrac{3}{2} \end{cases}$

ⓔ $\log 100 = \log 10^2 = 2$

Shim's Math Series

(Example 2) $\log_3 7 = ?$

ⓐ 0.56　　　ⓑ 0.75　　　ⓒ 0.92　　　ⓓ 1.31　　　ⓔ 1.77

> Solve) ⓔ
>
> $$\frac{\log 7}{\log 3} = 1.77$$

(Example 3) If $\log_2 x = 3$, then $x = ?$

ⓐ 2　　　ⓑ 3　　　ⓒ 6　　　ⓓ 8　　　ⓔ 9

> Solve) ⓓ
>
> 앞에서 설명한 log의 성질 ①에 의해 $x = 2^3 = 8$

2. Exponent

Exponent(지수)의 기본적인 성질만 알고 있으면 대부분 문제들이 쉽게 해결됩니다.

다음을 알아 둡시다.

- $a^0 = 1$ • $a^{-n} = \dfrac{1}{a^n}$ $(f(-n) = \dfrac{1}{f(n)})$

- $a^{m+n} = a^m \cdot a^n$ $(f(m+n) = f(m) \cdot f(n))$

- $a^{m-n} = \dfrac{a^m}{a^n}$ $(f(m-n) = \dfrac{f(m)}{f(n)})$

- $(a^m)^n = a^{mn}$ $((f(m))^n = f(mn))$

- $\sqrt[n]{a^m} = a^{\frac{m}{n}}$ $(\sqrt[n]{f(m)} = f(\dfrac{m}{n}))$

- $a^{f(x)} = b^{g(x)}$ $\Rightarrow$ (*base와 exponent가 다르면 양변에 log 나 ln를 취해줍니다.

(Example 4) $10^x = 11.2$. Find x.

ⓐ 0.67   ⓑ 0.73   ⓒ 0.82   ⓓ 0.93   ⓔ 1.05

Solve) ⓔ

양변에 log를 취해주면 $\log 10^x = \log 11.2$ 에서 $\dfrac{\log 11.2}{\log 10} = 1.05$

심선생 MATH SERIES

SAT SUBJECT TEST

MATH LEVEL 2

필수 Concept 완성과 Concept 완성을 위한 핵심 110제

CHAPTER 7

LIMIT, SERIES, ASYMPTOTE

1. Limit

$$\text{①} \ \lim_{x \to \infty} f(x) \qquad \text{②} \ \lim_{x \to a} f(x) \qquad \text{③} \ \lim_{x \to a} (\text{황당한 식})$$

Limit 문제는 위에 나열한 3가지 형태 중 한 문제가 출제됩니다.

① $\lim\limits_{x \to \infty} f(x)$

다음을 반드시 암기합시다.

$$\text{①} \ \lim_{x \to \infty} \frac{g(x)}{f(x)} \begin{cases} f(x)\,\text{Highest Degree} \ > g(x)\,\text{Highest Degree} \ \Rightarrow 0 \\[2mm] f(x)\,\text{Highest Degree} \ = g(x)\,\text{Highest Degree} \ \Rightarrow \text{최고차계수 (Coefficient)의 비(Ratio)} \\[2mm] f(x)\,\text{Highest Degree} \ < g(x)\,\text{Highest Degree} \ \Rightarrow \infty \end{cases}$$

다음의 예제들을 봅시다.

(Ex) $\lim\limits_{x \to \infty} \dfrac{3x + 5}{2x^2 + 1} = ?$

Solve) 분모(Denominator)의 exponent가 더 크므로 0

(Example 4) $\lim\limits_{x \to \infty} \dfrac{3x^3 + 5x - 1}{2x^2 + 3} = ?$

Solve) 분자(Numerator)의 exponent가 더 크므로 ∞

② $\lim\limits_{x \to a} f(x)$

$\lim\limits_{x \to a} f(x)$는 x가 a를 향해 한없이 다가갈 때, $f(x)$의 값이 어떻게 되는가를 추정하는 것입니다.

다음을 봅시다.

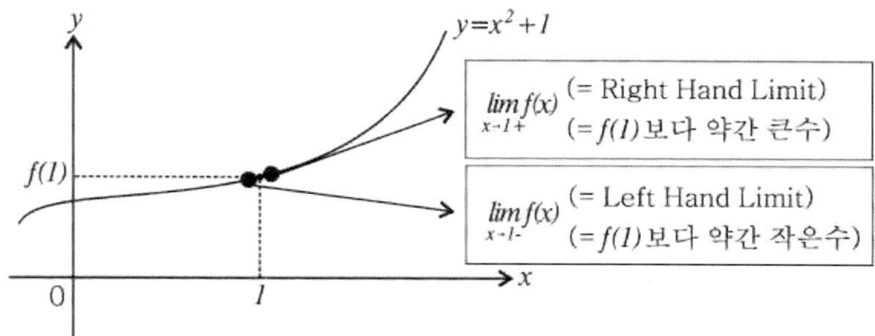

그림에서 보는 바와 같이 $\lim\limits_{x \to 1} f(x)$는 $\lim\limits_{x \to 1+} f(x)$ (Right Hand Limit)와 $\lim\limits_{x \to 1-} f(x)$ (Left Hand Limit)로 나뉘는데 $\lim\limits_{x \to 1-} f(x)$ 의 값은 x가 1보다 약간 작은 수 $0.\overline{9}$ 정도를 대입하여 $\lim\limits_{x \to 1-}(x^2+1) = 1.99...$ 정도가 나오고 $\lim\limits_{x \to 1+} f(x)$ 의 값은 x가 1보다 약간 큰 수 $1.00....1$ 정도를 대입하여 $\lim\limits_{x \to 1+} f(x^2+1) = 2.00...1$ 정도가 나오게 됩니다. $\lim\limits_{x \to 1}(x^2+1)$ 은 이 두 값을 의미하며 두 값 $\lim\limits_{x \to 1+}(x^2+1)$ 과 $\lim\limits_{x \to 1-}(x^2+1)$ 의 값이 너무 비슷하여 $\lim\limits_{x \to 1}(x^2+1)$ 의 값이 대략 2라고 하나의 값으로 말할 수 있을 때 $\lim\limits_{x \to 1}(x^2+1)$. 즉 $\lim\limits_{x \to 1} f(x)$ 가 존재한다고 합니다.

다음을 봅시다.

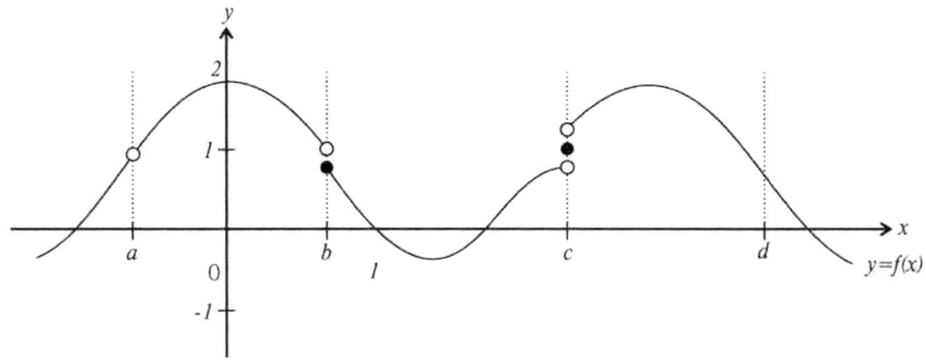

① Does $\lim\limits_{x \to a} f(x)$ exist?　　Yes

② Does $\lim\limits_{x \to b} f(x)$ exist?　　No　　(b와 c에서는 Right Hand Limit와 Left Hand Limit가

③ Does $\lim\limits_{x \to c} f(x)$ exist?　　No　　달라서 Limit 값이 존재하지 않습니다.)

④ Does $\lim\limits_{x \to d} f(x)$ exist?　　Yes

$\lim_{x \to 1} f(x)$의 의미.

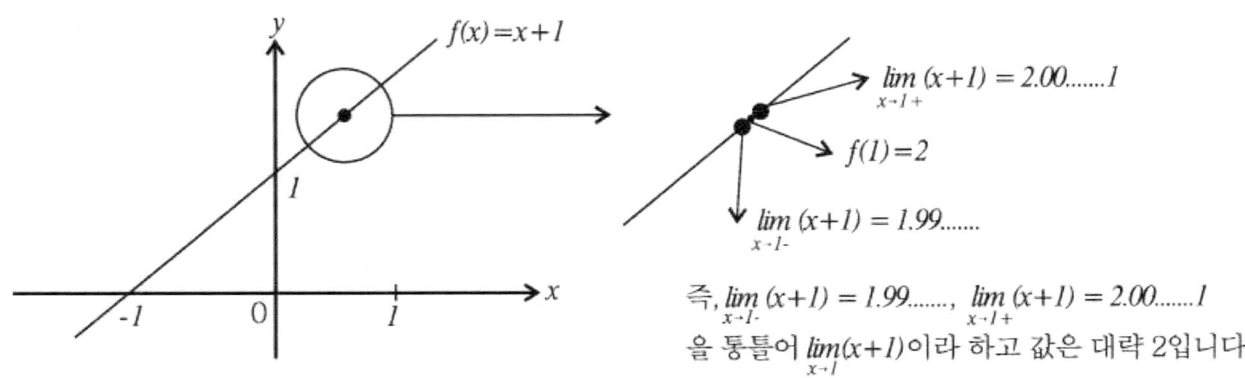

즉, $\lim_{x \to 1-} (x+1) = 1.99.......$, $\lim_{x \to 1+} (x+1) = 2.00.......1$
을 통틀어 $\lim_{x \to 1}(x+1)$이라 하고 값은 대략 2입니다.

$\lim_{x \to 1} \dfrac{x^2-1}{x-1}$의 의미. ($\dfrac{0}{0}$ 모양)

이와 같이, x 대신 대략 1 정도의 수를 대입하였을 때 $\dfrac{0}{0}$ 꼴이 되었을 때는 분모(Denominator) or

분자(Numerator)를 인수분해(Factorization) 후 약분(Cancellation)이 되는지 봅시다.

$\lim_{x \to 1} \dfrac{x^2-1}{x-1}$ 의 경우에는 $\lim_{x \to 1} \dfrac{(x-1)(x+1)}{x-1}$ 에서 $\lim_{x \to 1}(x+1) = 2$ 가 됩니다.

여기서 잠깐!

$\lim_{x \to 1} \dfrac{(x-1)(x+1)}{x-1}$ 에서 x에 1을 대입하면 분모(Denominator)가 0이 되는데

어떻게 Cancellation(약분)이 되는지요?......

그야 뭐.... $\lim_{x \to 1}$ 의 의미는 x가 진짜 1이 아니고 0.999..... or 1.000.....1인....

즉, 1 근처 값이므로 $\lim_{x \to 1} \dfrac{(x-1)(x+1)}{x-1}$ 에서 $x-1$은 사실 0이 되는 것이 아니라

0 근처의 값이 되는 것입니다. 그러니 Cancellation(약분)이 가능한 것입니다.

아시겠죠? ~~~^^m

$\lim\limits_{x \to 1} \dfrac{1}{x-1}$ 의 의미. ($\dfrac{C}{0}$ 모양, $C \neq 0$)

이와 같이, x 대신 대략 1 정도의 수를 대입하였을 때, 분모(Denominator)만 0이 되는 경우에는 $\lim\limits_{x \to 1} \dfrac{1}{x-1}$ (Left Hand Limit)와 $\lim\limits_{x \to 1+} \dfrac{1}{x-1}$ (Right Hand Limit)로 나누어 생각해 봅시다.

$\cdot\cdot\cdot\cdot$ Left Hand Limit : $\lim\limits_{x \to 1-} \dfrac{1}{x-1} = \dfrac{1}{-0.000...1} = -\infty$

$\cdot\cdot\cdot\cdot$ Right Hand Limit : $\lim\limits_{x \to 1+} \dfrac{1}{x-1} = \dfrac{1}{0.000...1} = \infty$

즉, Left Hand Limit와 Right Hand Limit가 $-\infty$와 ∞로 알 수 없는 너무 작은 수 or 너무 큰 수가 나오게 됩니다.

물론 $\lim\limits_{x \to 1} \dfrac{1}{x-1}$ 도 존재하지 않습니다.

다음을 반드시 알아둡시다.

② $\lim\limits_{x \to a} f(x)$
1. x에 a를 대입합시다. (분모가 0이 안될때)
2. x에 a를 대입하였는데 $\dfrac{0}{0}$ 꼴이 되는 경우는 유리화(Rationalization) 또는 인수분해(Factorization) 후 약분(Cancellation)
3. x에 a를 대입하였을 때, 분모만 0이 되는 경우에는 Left Hand Limit와 Right Hand Limit로 나누어 생각해 봐야 합니다.

다음의 예를 통해 계산법을 익혀둡시다.

(Example 1) $\lim\limits_{x \to -2} (x^2 - 2x + 3)$

Solve) 11

x대신 -2를 대입하면 $(-2)^2 - 2(-2) + 3 = 11$

(Example 2) $\displaystyle\lim_{x \to 2}\frac{x^2 - 7x + 10}{x - 2}$

Solve) -3

x대신 2를 대입하면 분모가 0이 되므로 문자를 인수분해 한 후 약분하면 됩니다.

$$\lim_{x \to 2}\frac{(x-2)(x-5)}{x-2} = \lim_{x \to 2}(x-5) = 2 - 5 = -3$$

(Example 3) $\displaystyle\lim_{x \to 1}\frac{\sqrt{x+3}-2}{x-1}$

Solve) $\dfrac{1}{4}$

x대신 1을 대입하면 분모가 0이 되므로 분자를 유리화(Rationalization)합니다.

$$\lim_{x \to 1}\frac{(\sqrt{x+3}-2)(\sqrt{x+3}+2)}{(x-2)(\sqrt{x+3}+2)} = \lim_{x \to 1}\frac{x-1}{(x-1)(\sqrt{x+3}+2)}$$

에서 분자, 분모의 $x-1$을 약분하면 $\displaystyle\lim_{x \to 1}\frac{1}{(\sqrt{1+3}+2)}$, 분모가 0이 안되므로

x대신 1을 대입하면 $\dfrac{1}{4}$.

---

③ $\displaystyle\lim_{x \to a}(황당한\ 식)$

말 그대로 $\lim$ 다음에 황당한 식이 나옵니다.

이 경우는 **고민할 필요 없이 바로 계산기를 사용하면 됩니다.**

(Example 4) $\displaystyle\lim_{x \to 0}(5x)^{3x}$

Solve) 1

$(5x)^{3x}$은 보지도 들어보지도 못하였을 것입니다. $\displaystyle\lim_{x \to 0}$의 의미는 사실 $x = 0$ 이 아니라

$x = 0$ 의 근삿값, 대략 $x = \pm 0.0 \cdots 1$정도로 대입해 보라는 뜻입니다.

계산기에서 $(5x)^{3x}$ 그래프를 그리고 $x = 0.0 \cdots 1$정도일 때 값을 찾는데 대략 1이 나옵니다.

다른 방법으로는 계산기에 0 근처 값인 $x = 0.00000001$ 정도를 대입하며 보는 것입니다.

즉, $(0.00000001)\,\hat{}\,(0.00000001)$ 이라고 입력하면 대략 1이 나옵니다.

---

2. Series

수를 나열한 후 한없이 더해나가는 것을 Series라고 합니다. Arithmetic Sequence를 더하는 것과 Geometric Sequence를 더하는 것이 있는데 Arithmetic Sequence를 한없이 더해 봐야 결과는 $\pm\infty$로 뻔하기 때문에 시험에는 Geometric Sequence를 한없이 더해나가는 문제만 출제가 됩니다.

즉 $\displaystyle\lim_{n\to\infty}\frac{a(1-r^n)}{1-r}$ 에서,

$-1<r<1$일 때 $\displaystyle\lim_{n\to\infty}r^n=0$ 이므로 $S=\dfrac{a}{1-r}$ 이고 이 때 r의 범위는 $-1<r<1$ 입니다.

앞으로 Math Level 2시험에서 한없이 더해나가는 문제는 모두 다음의 공식을 사용하시면 됩니다.

무조건 암기합시다.

① $\underbrace{\bigcirc+\bigcirc}_{\times r}+\underbrace{\bigcirc}_{\times r}+\cdots \Rightarrow S=\dfrac{a}{1-r}$ $\begin{cases} a: \text{Geometric Sequence의 초항} \\ r: \text{Ratio} \end{cases}$

ex) $\underbrace{1+\dfrac{1}{2}}_{\times\frac{1}{2}}+\underbrace{\dfrac{1}{4}}_{\times\frac{1}{2}}+\dfrac{1}{8}+\cdots=\dfrac{1}{1-\frac{1}{2}}=2$

② $\square+\underbrace{\bigcirc+\bigcirc}_{\times r}+\underbrace{\bigcirc}_{\times r}+\cdots \Rightarrow S=\square+\dfrac{a}{1-r}$ $\begin{cases} a: \text{Geometric Sequence의 초항} \\ r: \text{Ratio} \end{cases}$

ex) $3+\underbrace{\dfrac{1}{2}-\dfrac{1}{4}}_{\times-\frac{1}{2}}+\underbrace{\dfrac{1}{8}}_{\times-\frac{1}{2}}-\dfrac{1}{16}+\cdots=3+\dfrac{\frac{1}{2}}{1-(-\frac{1}{2})}=3+\dfrac{1}{3}=\dfrac{10}{3}$

(Example 5) $1-\dfrac{1}{3}+\dfrac{1}{9}-\dfrac{1}{27}+\cdots$ is

ⓐ $\dfrac{3}{4}$ ⓑ $\dfrac{4}{3}$ ⓒ $\dfrac{1}{4}$ ⓓ $\dfrac{1}{3}$ ⓔ $\dfrac{2}{3}$

Solve) ⓐ

$$S=\frac{a}{1-r}=\frac{1}{1-(-\frac{1}{3})}=\frac{3}{4}$$

3. 만날 듯 하지만 만나지 못하는 Asymptote

다음을 봅시다.

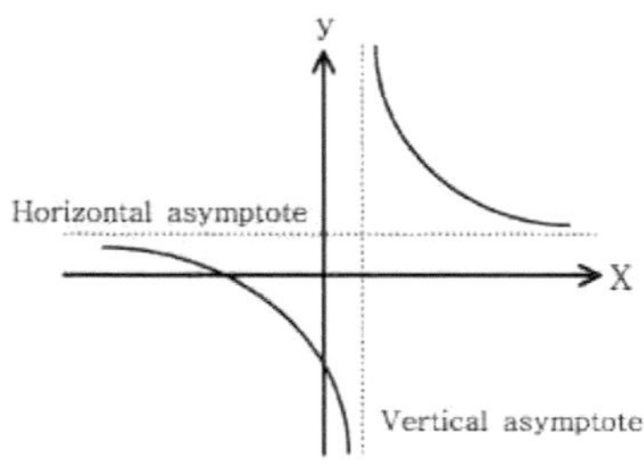

다음을 반드시 알아둡시다.

Asymptote의 존재여부...

$f(x) = \dfrac{B(x)}{A(x)}$ 에서

⇒ ① $A(x)$와 $B(x)$가 Common Factor를 가져 약분(Cancellation)이 되어 $A(x) = 0$ 이

되는 x값이 존재하지 않을 때 존재안함 ex) $\dfrac{x^2 - 3x + 2}{x - 1} = \dfrac{(x-1)(x-2)}{x-1}$

⇒ ② $A(x)$와 $B(x)$가 Common Factor를 갖지 않을 때 존재 ex) $\dfrac{3x^2 + 1}{x^2 + x}$

Asymptote 구하기...

$f(x) = \dfrac{B(x)}{A(x)}$

⇒ ① $A(x) = 0$ 인 x 값 = Vertical Asymptote

② $\displaystyle\lim_{x \to \infty} \dfrac{B(x)}{A(x)}$ = Horizontal Asymptote (※ $\displaystyle\lim_{x \to \infty} \dfrac{B(x)}{A(x)} = \infty \to$ Slant Asymptote)

(Example 6)

Which of the following lines is(are) asymptote(s) of the graph of $f(x) = \dfrac{10(x^2 - 4)}{2x^2 - 2}$?

I. $y = 5$ II. $x = \pm 2$ III. $x = \pm 1$

ⓐ I only   ⓑ II only   ⓒ III only   ⓓ I and II only   ⓔ I and III only

Solve) ⓔ

Vertical asymptote : $2x^2 - 2 = 0$ 에서 $x = \pm 1$

Horizontal asymptote : $\displaystyle\lim_{x \to \infty} \dfrac{10(x^2 - 4)}{2x^2 - 2}$ 에서 $y = 5$

Shim's Math Series

심선생 MATH SERIES

SAT SUBJECT TEST

MATH LEVEL 2

필수 Concept 완성과 Concept 완성을 위한 핵심 110제

CHAPTER 8

FUNCTION

Math Level 2에서 가장 큰 비중을 차지하는 부분이며,
다른 단원에 비해서 출제되는 문제 수가 많은 단원입니다.
가끔 난이도가 높은 문제가 1~3문제 정도 출제될 때를 빼고 비교적 쉬운 문제가 많이 출제됩니다.
이 책에서 필자가 설명하는 모든 것을 꼼꼼히 공부하시기 바랍니다. 파이팅~^^

중요한 내용은 다음과 같습니다.

① **Linear Functions**

② **Composition Functions**

③ **Inverse Functions**

④ **Polynomial Functions Graph 해석**

⑤ **The Maximum and Minimum Value of a Function of Higher Degree**

⑥ $y = |f(x)|$ **개형과 해석**

⑦ **그래프의 이동과 변형**

⑧ **An inequality of Higher Degree**

⑨ $|f(x)| < 0$

1. 함수란?

Function이라고 합니다. 이렇게 기억합시다. **"묻는 것에 반드시 하나의 대답을 한다!"**

다음의 예제를 봅시다.

(Example 1) 함수인 것에 O를, 아닌 것에 X를 하시오.

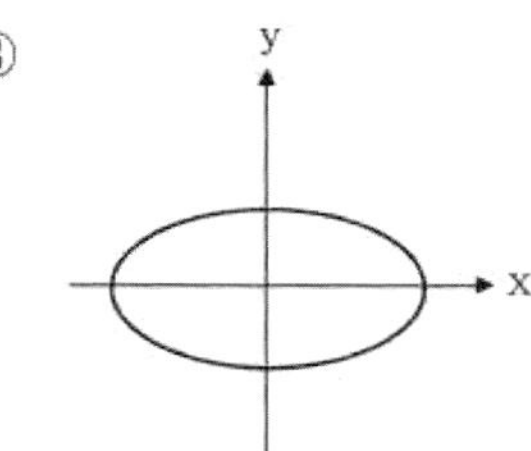
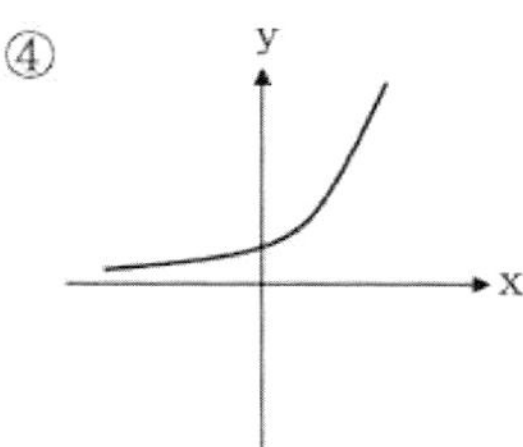
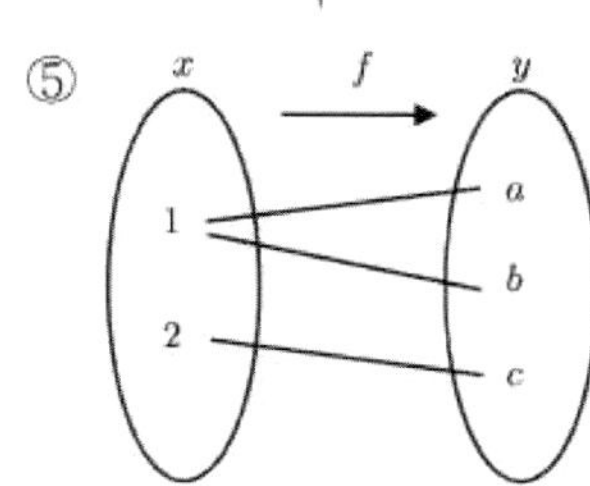
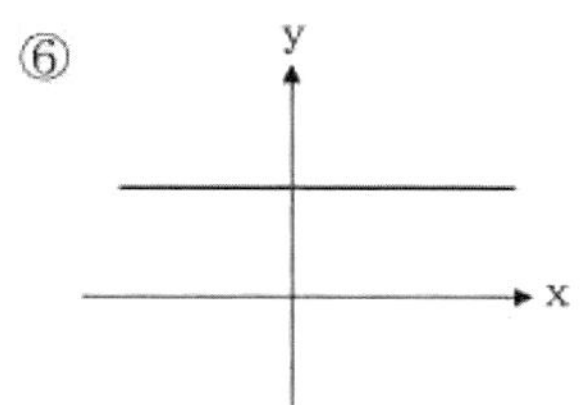
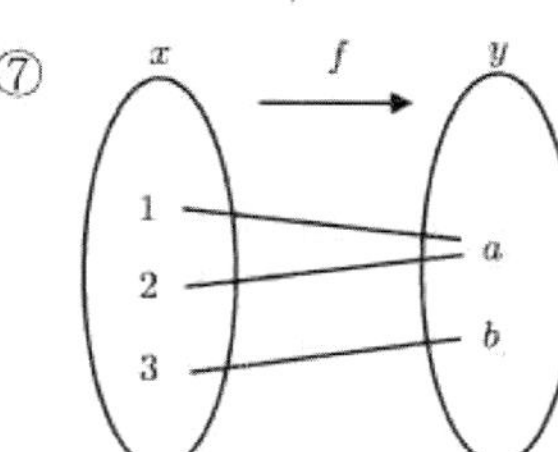
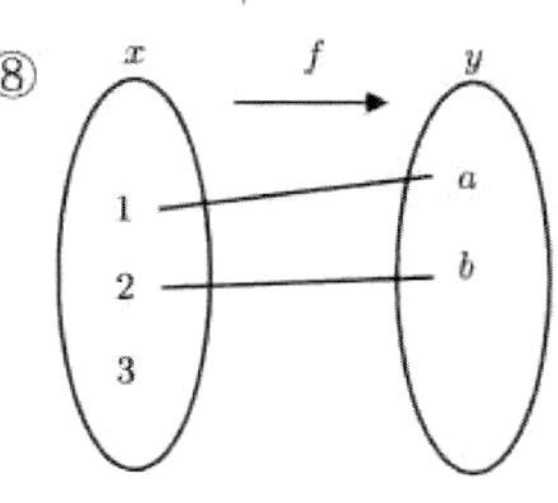

Solve)

① 함수입니다.

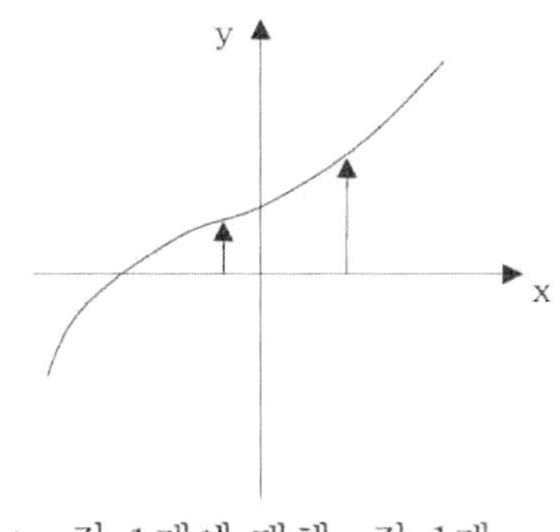

: x값 1개에 대해 y값 1개,
즉, 질문 한 개에 대답도 한 개

② 함수입니다.

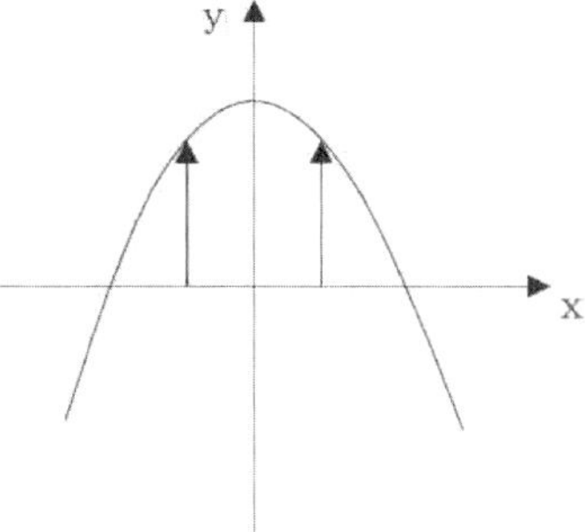

: x값 1개에 대해 y값 1개,
즉, 질문 한 개에 대답도 한 개

③ 함수가 아닙니다.

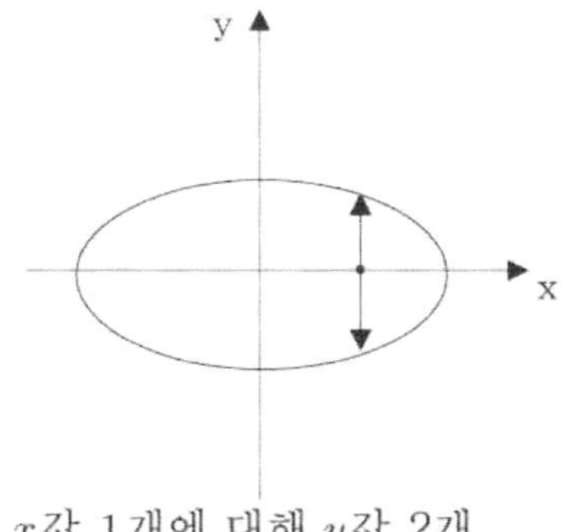

: x값 1개에 대해 y값 2개,
즉, 질문 한 개에 대답은 두 개

Solve)

④ 함수입니다.

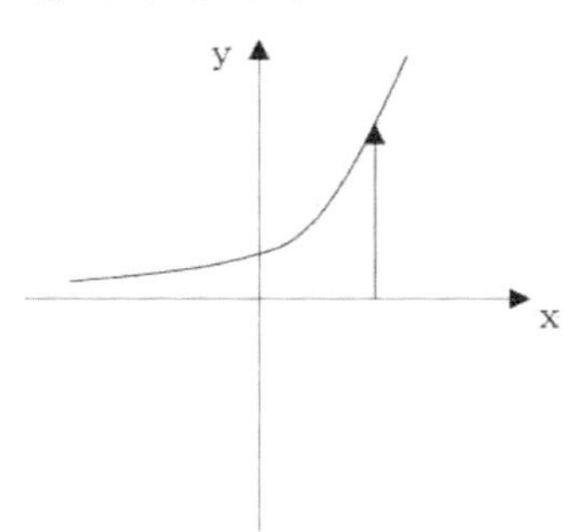

: x값 1개에 대해 y값 1개,
즉 , 질문 한 개에 대답도 한 개

⑤ 함수가 아닙니다.
: x값이 1일 때 y값은
  a, b로 두 개입니다.
즉, 질문 1개에 대답이
2개입니다.

⑥ 함수입니다.

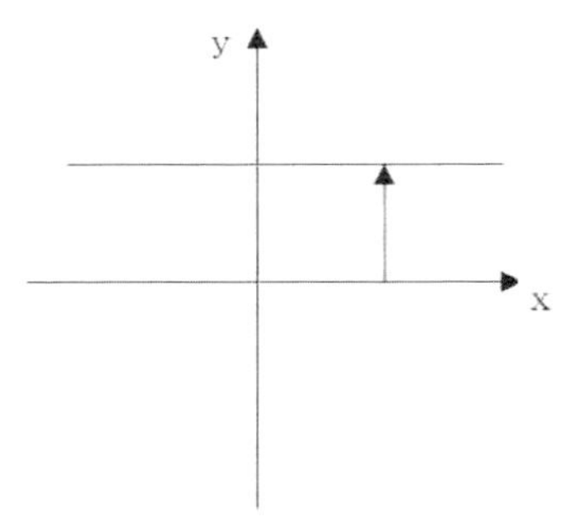

: x값 1개에 대해 y값 1개,
즉 , 질문 한 개에 대답도 한 개

⑦ 함수입니다 : x값 1개에 대해 y값 1개, 즉, 질문 한 개에 대답도 한 개

⑧ 함수가 아닙니다. x값 3에 대해 y값이 없습니다. 즉, 질문에 대한 대답이 없습니다.

2. FUNCTION

1) Domain, Range

다음을 봅시다.

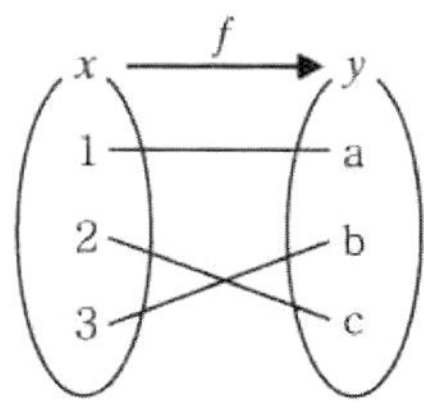

Domain : {1, 2, 3}
Range : {a, b, c}

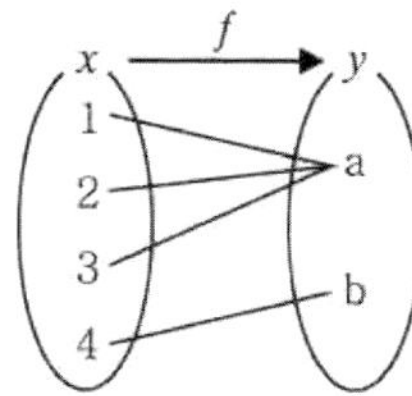

Domain : {1, 2, 3, 4}
Range : {a, b}

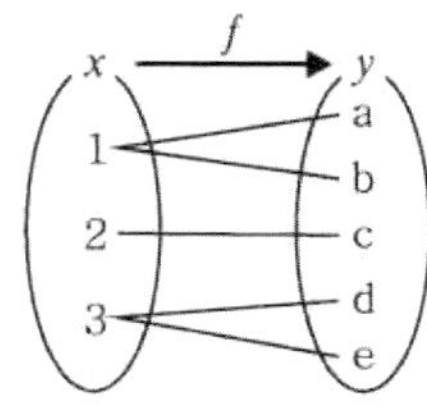

Domain : {1, 2, 3}
Range : {a, b, c, d, e}

Domain 과 Range를 이렇게 말했다가는 큰일 나는 것입니다. 위 그림은 함수가 아니기 때문입니다.

다음의 그림을 봅시다.

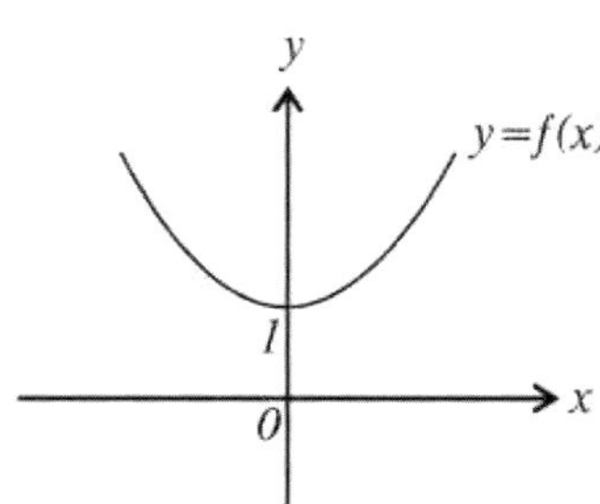

Domain : $\{\, x \mid x$는 all real number$\}$
Range : $\{\, y \mid y \geq 1 \}$

2) Increasing functions, Decreasing functions

단조롭게 increasing하는 function을 보면

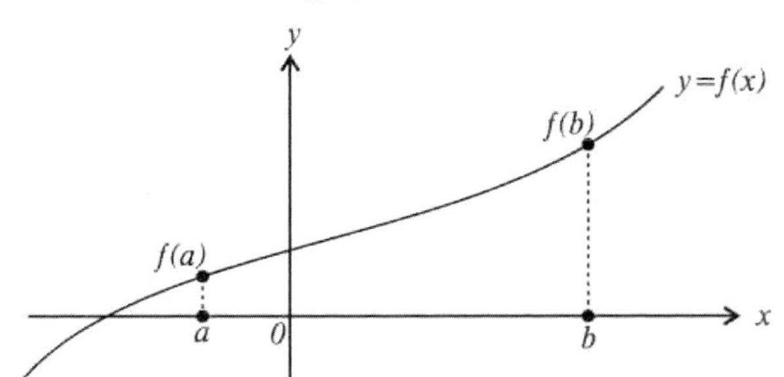

단조롭게 decreasing하는 function을 보면

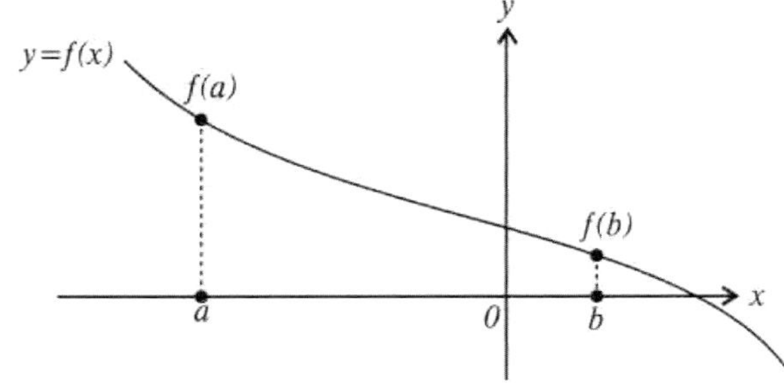

"$a < b$이면 $f(a) < f(b)$"를 만족하며
이를 만족하는 함수들은...
$y = x$, $y = x^3$, $y = e^x$, $y = a^x \ (a > 1)$....
등이 있습니다.

"$a < b$이면 $f(a) > f(b)$"를 만족하며
이를 만족하는 함수들은...
$y = -x$, $y = -x^3$, $y = a^x \ (0 < a < 1)$....
등이 있습니다.

3) Inverse Functions

$$f(x) = ax + b \text{ 일 때 } f^{-1}(x) = ?$$

$y = f(x)$의 역함수를 $y = f^{-1}(x)$와 같이 씁니다.

역함수라고 하는 것은 그래프를 그려 보면 $y = x$에 대해 대칭입니다.

($y = x$를 기준으로 접으면 겹쳐집니다.) 그림으로 설명한다면 다음 그림과 같습니다.

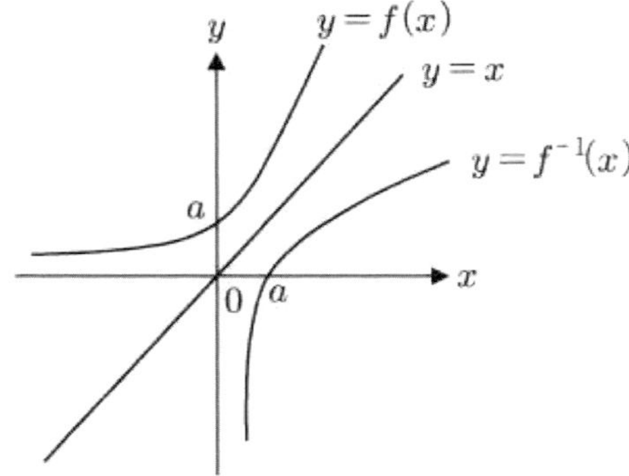

① $(f \circ g)^{-1} = g^{-1} \circ f^{-1}$

② $f \circ g = x$ 이면 f와 g는 서로 역함수

③ $f(a) = b$ 이면 $f^{-1}(b) = a$ 입니다.

④ $y = ax + b$에서 x와 y를 바꾸면 역함수(Inverse Function)가 됩니다.

⑤ $(f^{-1})^{-1} = f$

4) Solution, Root

$x - 1 = 0$에서 $x = 1$을 Root or Solution이라고 합니다. 이를 그림으로 설명하자면,

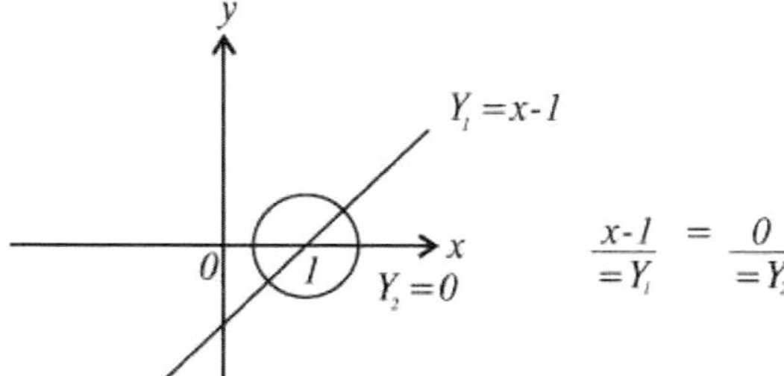

$$\underset{=Y_1}{\underline{x - 1}} = \underset{=Y_2}{\underline{0}}$$

그림에서 보는 바와 같이 $Y_1 = x - 1$ 과 $Y_2 = 0$ 의 교점(Intersection point)의 x좌표가 1인데 이것이 $x - 1 = 0$ 의 Solution(Root)인 것입니다.

5) Linear Function

주로 간단한 함수 구하는 문제가 출제되며 가끔 slope의 의미를 묻는 문제와 slope 구하는 문제, 두 직선 사이의 관계를 묻는 문제들이 출제되고 있습니다.

다음을 봅시다.

$$y = \textcircled{a}\ x\ +\ \textcircled{b}$$

    slope y-intercept

⇒ 위의 식을 구하려면?

① slope 구하고   ② 지나는 점 대입!

즉, slope가 m이고 $(x_1,\ y_1)$ 을 지난다고 하면 $y - y_1 = m(x - x_1)$

Slope 구하기

① $(x_1,\ y_1)\ (x_2,\ y_2)$ 를 지날 때... ⇒ $\dfrac{y_1 - y_2}{x_1 - x_2}$ or $\dfrac{y_2 - y_1}{x_2 - x_1}$

② 두 직선 사이의 관계 $(y = m_1 x + a,\ y = m_2 x + b)$

   수직(Perpendicular) : $m_1 \cdot m_2 = -1$ (solution 1개)

   평행(Parallel)   : $m_1 = m_2,\ a \neq b$ (solution 없음)

③ x축과 이루는 각 θ : slope $= \tan\theta$

Slope 의미

다음의 그림을 봅시다.

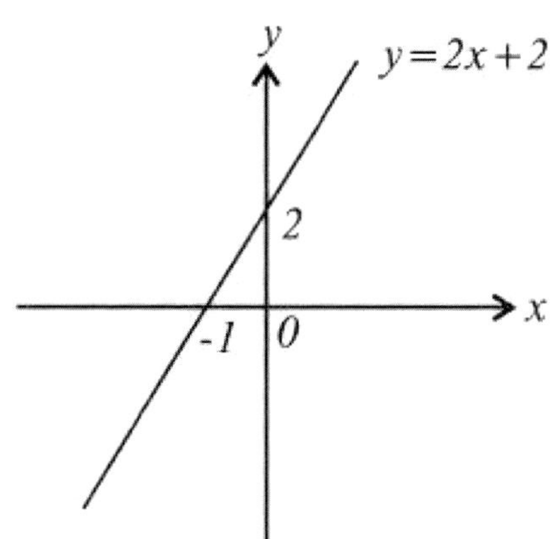

위 그림에서 slope는 2인데 이는 x가 1 증가함에 따라 y가 2씩 증가함을 의미합니다.

6) $y = ax^2 + bx + c$

$y = ax^2 + bx + c$ 와 같은 2차함수를 Quadratic Function이라고 하며 이와 관련하여 방정식(Equation),
부등식(Inequality) 모두 매번 출제가 많이 되고 있습니다.
여기에서 설명하는 내용들을 자세히 익혀두도록 합시다.

$y = ax^n + bx^{n-1} + cx^{n-2} + \cdots + z$ 와 같은 함수를 **다항함수(Polynomial Function)라고 하며**
최고차항의 계수(Coefficient) a의 부호가 양수(Positive)이면 오른쪽 끝이 위로, 음수(Negative)
이면 아래로 향합니다.

(Example 1) $y = ax^2 + bx + c$

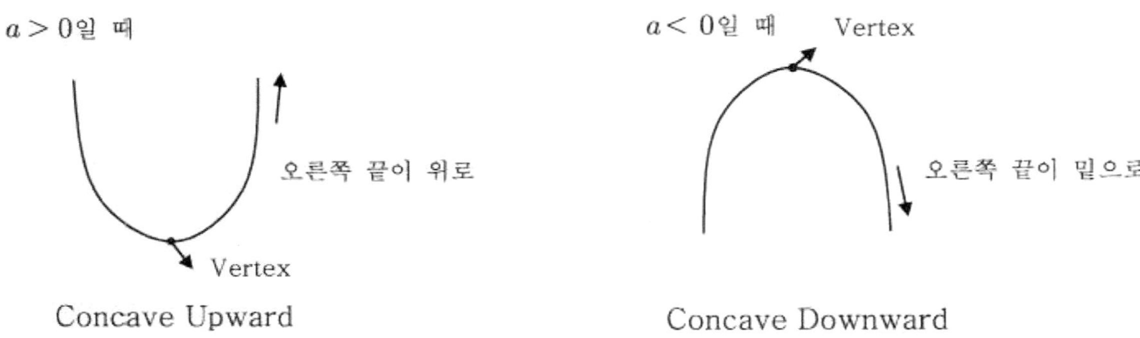

모든 이차함수(Quadratic Function)는 꼭짓점(Vertex) 좌표만큼 이동합니다.

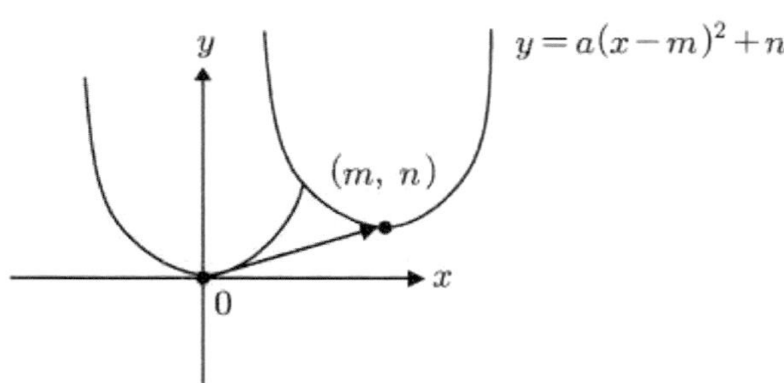

이차함수(Quadratic Function)는 개형을 그릴 수 있어야 합니다.
하지만 실제로 시험에서는 계산기 사용이 가능하기 때문에 계산기를 사용하여 그려도 됩니다.

다음을 반드시 암기합시다.

$y = ax^2 + bx + c$ 그래프 그리는 순서는 $\cdots$
① Vertex를 찾습니다! 어떻게 찾을까요? 다음을 암기합시다.

x^2 대신 $2x$, x 대신 1, 나머지는 0을 대입!

② $a > 0$ (Concave Upward)
   $a < 0$ (Concave Downward)
③ y-intercept 찾기

(Example 2) Sketch the graph of function $y = 2x^2 - 4x + 3$

Solve)

① Vertex 찾기.

$$\underset{0}{\underline{y}} = 2\underset{2x}{\underline{x^2}} - 4\underset{1}{\underline{x}} + \underset{0}{\underline{3}} \Rightarrow 4x - 4 = 0 \text{ 에서 } x = 1,$$

$x = 1$을 $y = 2x^2 - 4x + 3$에 대입하면 $y = 1$ 이므로, $(1, 1)$

② Concave Upward

③ y-intercept는 $x = 0$ 대입 ☞ $y = 3$

그려보면

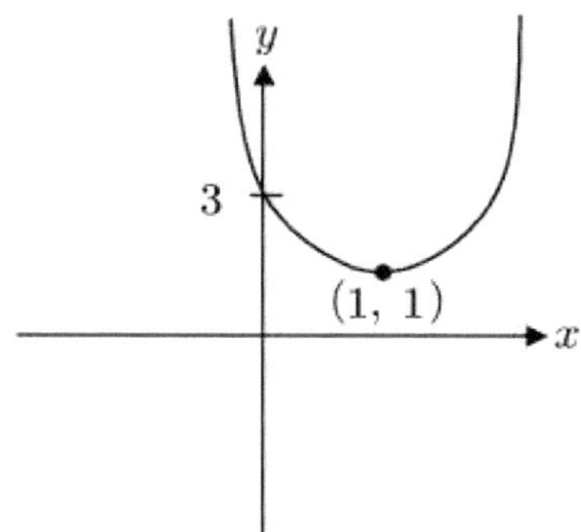

(Example 3) Sketch the graph of function $y = -x^2 + 2x - 1$

Solve)

① Vertex 찾기.

$$\underset{0}{\underline{y}} = -\underset{2x}{\underline{x^2}} + 2\underset{1}{\underline{x}} - \underset{0}{\underline{1}} \Rightarrow 0 = -2x + 2 \text{ 에서 } x = 1,$$

$x = 1$을 $y = -x^2 + 2x - 1$에 대입하면 $y = 0$ 이므로, $(1, 0)$

② Concave Downward

③ y-intercept는 $x = 0$ 대입 ☞ $y = -1$

그려보면

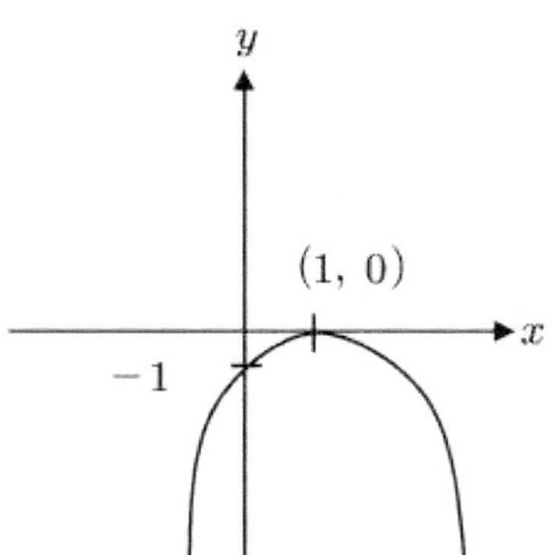

7) $y = ax^2 + bx + c$ 가 근(Root, Solution)이 있는가?

"근(Root, Solution) = x축과 함수(Function)와의 교점"

이차함수 Quadratic Function $y = ax^2 + bx + c$ **에서 교점(근, Solution)의 개수를 판별할 수 있는 식은** $D = b^2 - 4ac$ **입니다.**

예를 들면,

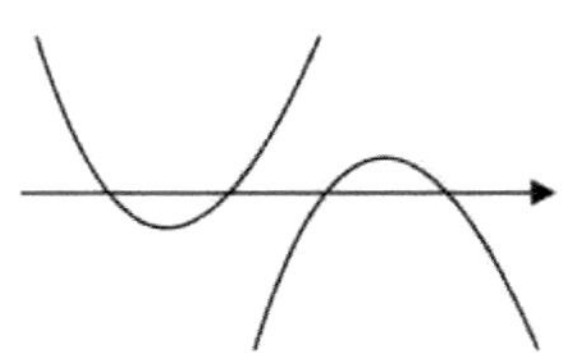

Real Solution(root)
개수가 exactly two
$D > 0$

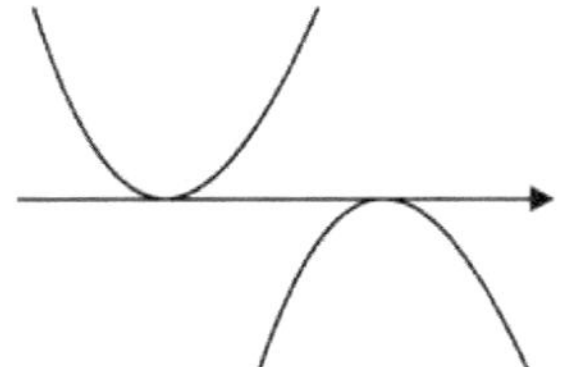

Real Solution(root)
개수가 one
$D = 0$

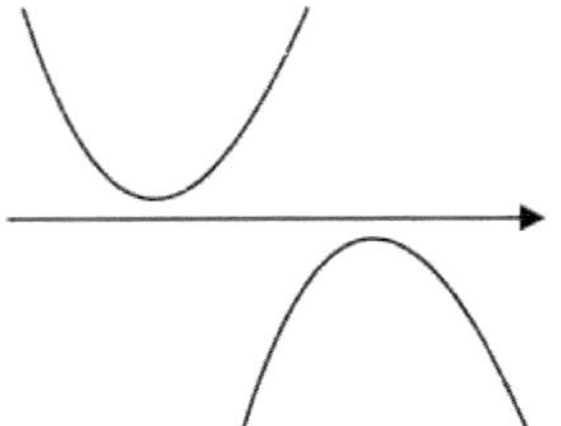

Real Solution(root)
개수 없음
$D < 0$

(Example 4) If $y = ax^2 + bx + c$ has no solution, which of the following must be true?

ⓐ $D > 0, c > 0$ ⓑ $b > 0, c < 0$ ⓒ $a < 0, D > 0$

ⓓ $a > 0, D < 0$ ⓔ $a > 0, b < 0, c < 0$

Solve) ⓓ

$a > 0$ 이면 Concave upward이고 $D < 0$ 이면 교점이 없다는 것입니다.

즉, 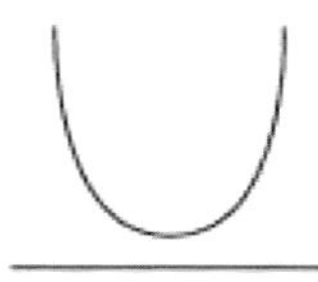 이와 같이 됩니다.

8) Polynomial Functions

앞의 소단원 $y = ax^2 + bx + c$ 에서 잠깐 설명했듯이 $y = ax^n + bx^{n-1} + cx^{n-2} + \cdots + z \cdots$ 와 같은 함수를 다항함수(Polynomial Function)라고 하며 최고차항의 계수(Coefficient) a 의 부호가 양수(Positive)이면 오른쪽 끝이 위로, 음수(Negative)이면 아래로 향합니다.

또한, 이와 같은 Polynomial Function들은 실수 전 구간 $(-\infty, \infty)$ 에서 연속(Continuity)입니다.

Polynomial Function들의 Graph 개형은 다음과 같습니다.

① $y = ax + b$

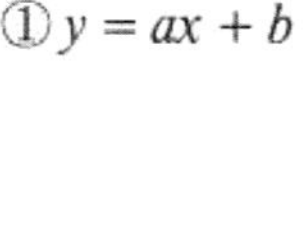

② $y = ax^2 + bx + c$

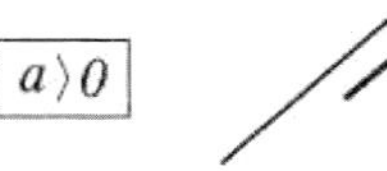

③ $y = ax^3 + bx^2 + cx + d$

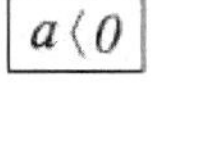

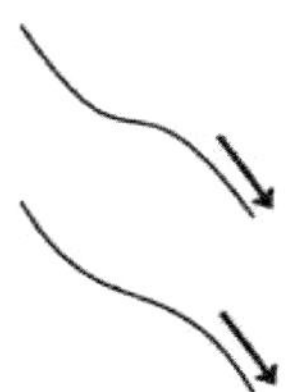

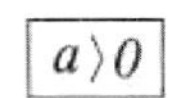

④ $y = ax^4 + bx^3 + cx^2 + dx + e$

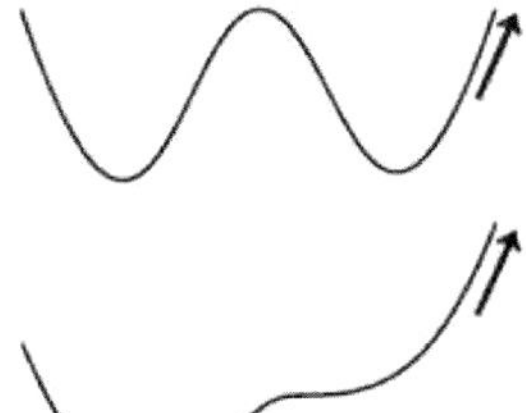

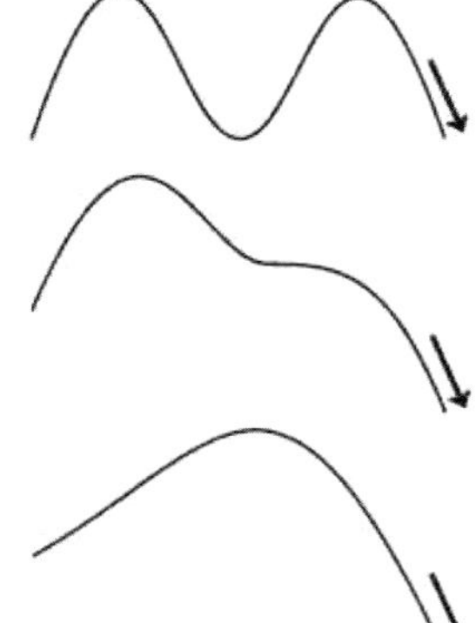

삼차함수의 Solution(Root)에 대해서 그림으로 설명하도록 하겠습니다.

중요한 내용이니 꼭 알아두시기를 ~^^m

$y = ax^3 + bx^2 + cx + d \ (a > 0)$

$\Rightarrow y = a(x - \alpha)(x - \beta)(x - \gamma) \ (\alpha < \beta < \gamma)$

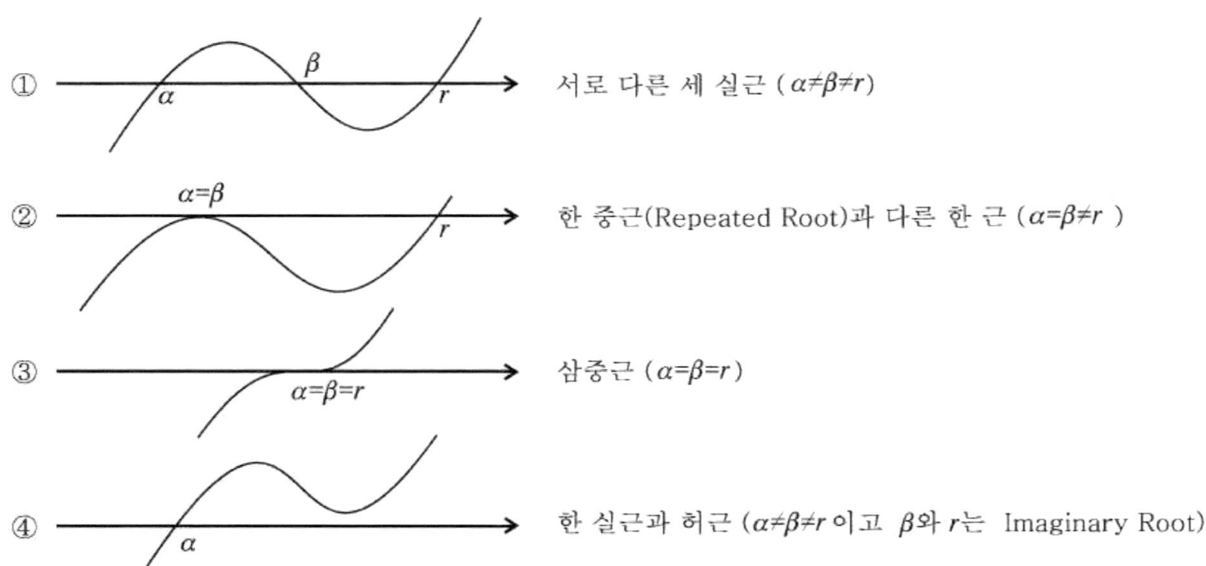

9) The Intermediate Value Theorem (IVT)

"중간값 정리"라고도 합니다. 반드시 주어진 구간 내에서 연속인 함수(Continuous Function)에만 적용되는 이론입니다. 특히, Polynomial Function은 모두 연속(Continuity)이기 때문에 IVT를 적용할 수 있습니다.

$y = f(x)$가 구간 $[a, b]$ 에서 연속이라고 할 때, 다음의 두 경우를 봅시다.

①   ②

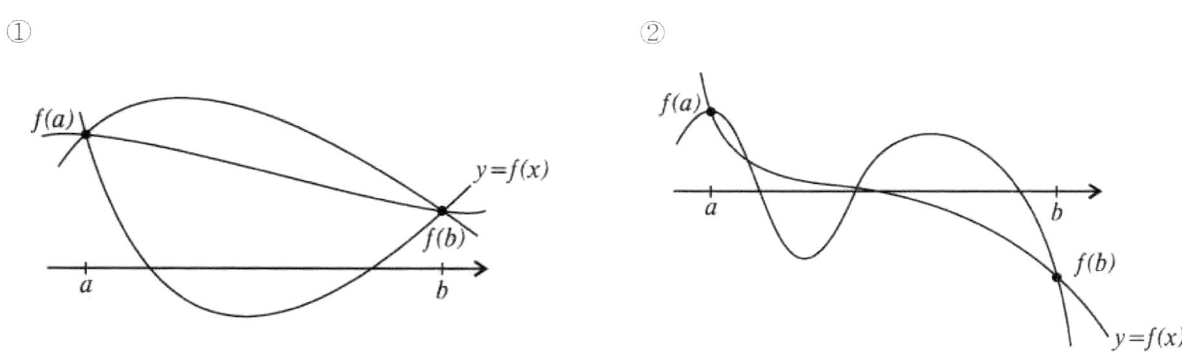

위의 ①, ② 중 구간 $[a, b]$ 에서 반드시 근(Solution, Root)을 갖는 경우는 ②번입니다.

구간 $[a, b]$ 에서 $y = f(x)$ 가 연속이려면 $f(a)$, $f(b)$ 값의 부호가 다를 때 $y = f(x)$는 반드시 x축을 한 번 이상은 지나게 되기 때문에 $f(a) \cdot f(b) < 0$ 일 때 $y = f(x)$는 구간 $[a, b]$ 내에서 반드시 하나 이상의 근을 갖습니다. ①의 경우에는 x축을 지날 수도 안 지날 수도 있기 때문에 반드시 근(Solution, Root)이 존재한다고 보기 어렵습니다.

Shim's Math Series

10) Symmetry (대칭)

가끔씩 출제되는 내용입니다. 반드시 알아둡시다.

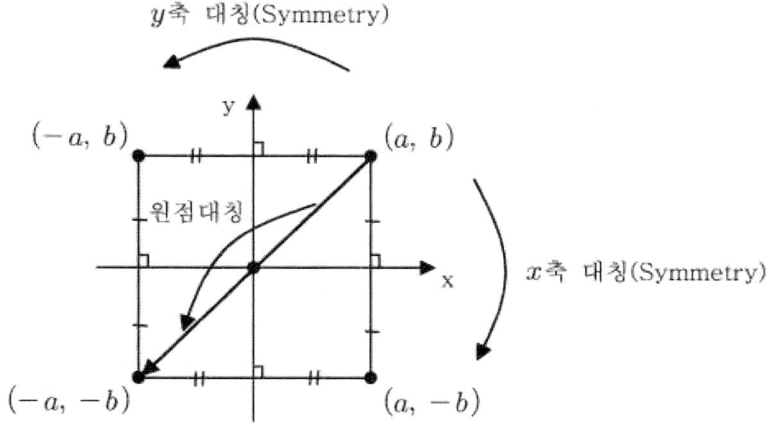

$$(a,\ b)\begin{cases} x\text{축 대칭}:(a,\ -b) & :y \text{ 부호 바뀜} \\ y\text{축 대칭}:(-a,\ b) & :x \text{ 부호 바뀜} \\ \text{원점 대칭}:(-a,\ -b) & :x,\ y \text{ 부호 바뀜} \end{cases}$$

[참고] $(a,\ b)$를 $y=x$에 대해 대칭 이동시키면 $(b,\ a)$, $y=-x$에 대해 대칭 이동시키면 $(-b,\ -a)$가 됩니다.

다음의 예제들을 통해서 풀이방법을 익히도록 합시다.

(Example 5) The graph of $3y^6 + 2x^4 + 1 = 0$ has which of the following symmetries?

ⓐ Symmetric with respect to the x-axis.

ⓑ Symmetric with respect to the x-axis and origin.

ⓒ Symmetric with respect to both axes.

ⓓ Symmetric with respect to the x-axis, y-axis, and origin.

ⓔ Symmetric with respect to the origin.

Solve) ⓓ

다음과 같이 합시다.

- y대신 $-y$를 대입하면 $3(-y)^6 + 2x^4 + 1 = 0$ 에서 $3y^6 + 2x^4 + 1 = 0$ 이므로 y대신 $-y$를 넣어도 같은 식이 됩니다. 그러므로 x축 대칭입니다. (x축 대칭이면 y의 부호가 바뀌기 때문에)

- x대신 $-x$를 대입하여도 $3y^6 + 2x^4 + 1 = 0$ 이므로 y축 대칭이 됩니다.

- x대신 $-x$, y대신 $-y$를 동시에 대입하면 $3y^6 + 2x^4 + 1 = 0$ 이므로 원점(origin)대칭이 됩니다.

(Example 6) The graph of $y^3 - 2x = 0$ has which of the following symmetries?

ⓐ Symmetric with respect to the x-axis.

ⓑ Symmetric with respect to the x-axis and origin.

ⓒ Symmetric with respect to both axes.

ⓓ Symmetric with respect to the x-axis, y-axis, and origin.

ⓔ Symmetric with respect to the origin.

Solve) ⓔ

다음과 같이 합시다.

• y대신 $-y$를 대입하면 $-y^3 - 2x = 0$ 이므로 $y^3 - 2x = 0$ 과 같지 않습니다. 그러므로 x축 대칭이 아닙니다.

• x대신 $-x$를 대입하여도 $y^3 + 2x = 0$ 이므로 y축 대칭이 안 됩니다.

• x대신 $-x$, y대신 $-y$를 동시에 대입하면 $-y^3 - 2x = 0$ 이므로 $y^3 - 2x = 0$ 과 같습니다. 따라서 원점(origin)대칭이 됩니다.

---

11) Even Function, Odd Function

Even Function, Odd Function 역시 대칭과 관련이 있습니다.

Even Function은 y축에 대해 대칭이 되는 그래프입니다.

다음의 그림은 Even Function이며 다음과 같이 표현할 수 있습니다.

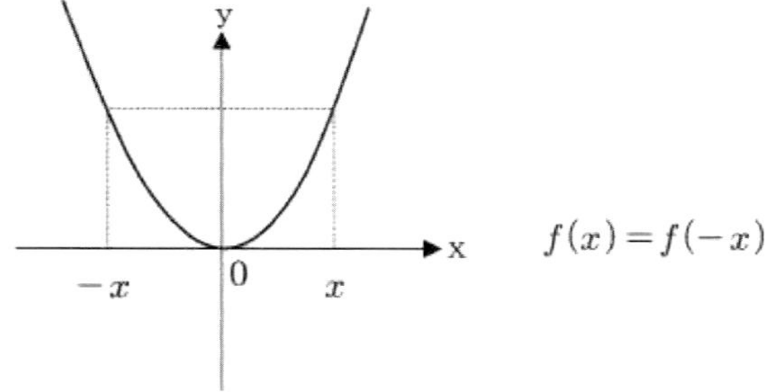

$$f(x) = f(-x)$$

Odd Function은 원점에 대해서 대칭이 되는 그래프입니다.

다음의 그림은 Odd Function이며 다음과 같이 표현할 수 있습니다.

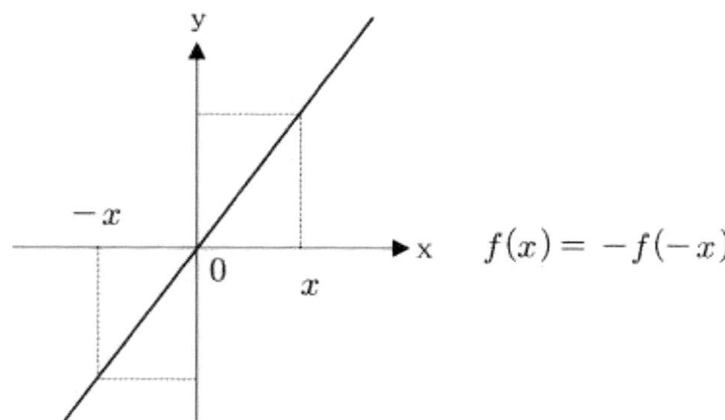

$$f(x) = -f(-x)$$

Shim's Math Series

(Example 7) Which of the following is an even function?

ⓐ $y = x^4 + 3x^3 + 2x - 1$　　ⓑ $y = \dfrac{2x}{x^2 + 1}$　　ⓒ $y = 1 - 2\sin^2 x$　　ⓓ $y = \cos x \cdot \sin x$　　ⓔ $y = \sec x \cdot \cot 2x$

Solve) ⓒ
계산기로 그려보면 ⓒ번이 y축 대칭이 됩니다.

(Example 8) $10^x = 11 \cdot 2$. Find x.

ⓐ $y = 3\sin 3x \cdot \cos 3x$　　ⓑ $y = \cos^2 2x - \sin^2 2x$　　ⓒ $y = x^2 - 3x$　　ⓓ $y = x^8 + 2x^4 + 1$　　ⓔ $y = \dfrac{x^{10}}{2x^2 - 1}$

Solve) ⓐ
계산기로 그려보면 ⓐ번이 원점 대칭이 됩니다.

12) $y = |f(x)|$

다음을 반드시 암기합시다.

$y = |f(x)|$ 의 그래프는 …
① $y = f(x)$ 의 그래프를 그립니다.
② x축 아랫부분을 꺾어서 올립니다.

다음의 예제들을 살펴봅시다.

(Example 9) Sketch the graph of function $y = |x - 1|$.

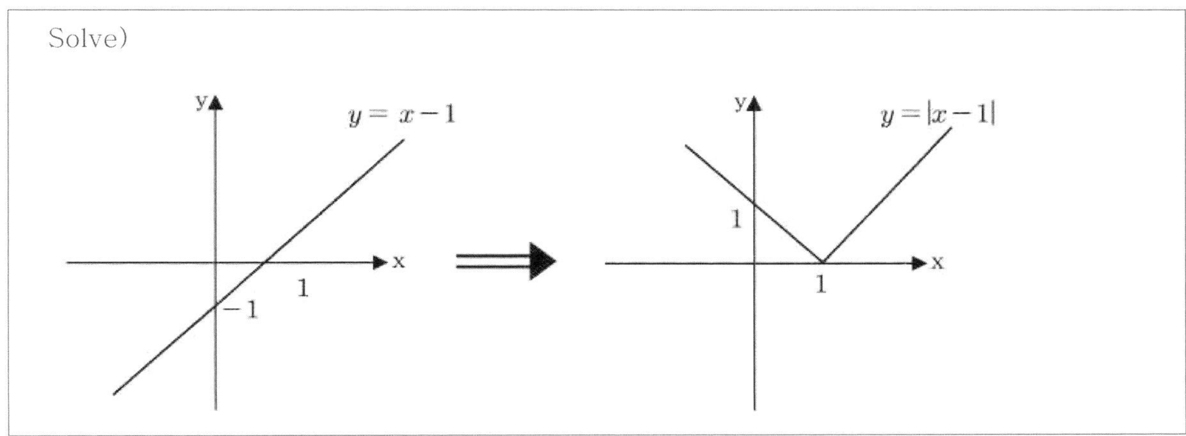

(Example 10) Sketch the graph of function $y = \left| x^2 - 3x + 2 \right|$.

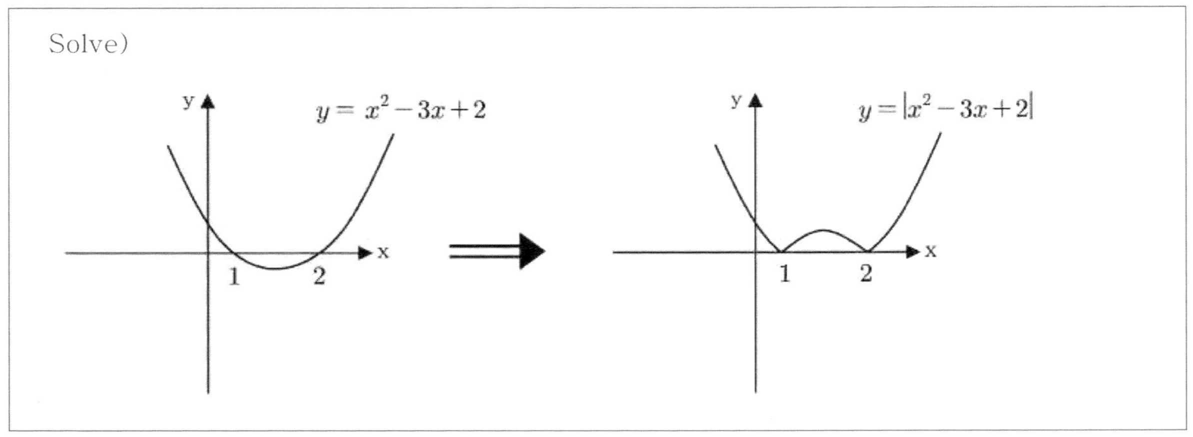

13) 기타 알아야 할 내용들

시험에 등장하는 간단한 내용들을 모아 봤습니다.
시험에 자주 출제되었었고 앞으로도 계속 출제될 내용들입니다.

(1) $[X]$ ($[x]$ is the greatest integer less than or equal to x)

"[ ]"를 "가우스"라고 하며 "x보다 작거나 같은 최대정수"를 의미합니다.
이를, 쉽게 한 마디로 표현하면 **"좌 정수"** 즉, **"Left Integer"**
다음의 예를 봅시다.

$[1.999] = 1$

$[-0.003] = -1$

$[-2] = -2$

(2) $|x|$

$|-3|=3$, $|3|=3$ 이지만 $|-x| = |x| = x$ 는 아닙니다. 즉, 다시 말해서,

$|\pm\text{constant}| = +\ \text{constant}$

$|\pm\text{variable}| = \begin{bmatrix} (+)\text{variable} \\ (-)\text{variable} \end{bmatrix}$ 즉, 다시말해, $|x| = \begin{cases} x\ (x \geq 0) \\ -x\ (x < 0) \end{cases}$ 입니다. ($* \sqrt{x^2} = |x|$ 인 것도 알아둡시다)

(3) $|x| = a \Leftrightarrow x = \pm\alpha$ $(\alpha : \text{Constant})$

예를 들어, $|x| = 1$ 인 x값을 구한다고 하면 $Y_1 = |x|$, $Y_2 = 1$ 이라고 계산기에 입력하여 교점의 x좌표를 찾으면...

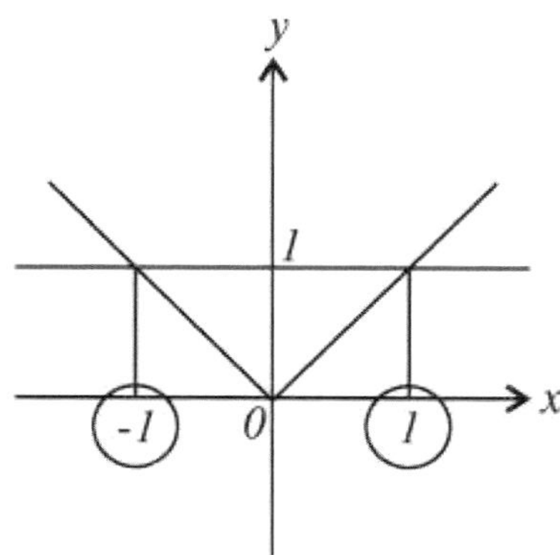

위의 그림에서 보는 바와 같이 $x = \pm 1$ 이 됩니다.

암기합시다.

$|x| = \alpha \Leftrightarrow x = \pm\alpha$ $(\alpha : \text{Constant})$

(4) 근(Root, Solution)과 계수(Coefficient)와의 관계

다음을 반드시 암기합시다.

- $ax^2 + bx + c = 0$ 의 두 근을 α, β 라고 하면 : $\alpha + \beta = -\dfrac{b}{a}$, $\alpha\beta = \dfrac{c}{a}$

- α, β를 두 근으로 갖는 Quadratic Equation (단, 최고차 Coefficient가 1일 때)

  : $x^2 - (\alpha + \beta)x + \alpha\beta = 0$

- $a + bi$가 근이면 $a - bi$도 근이다.

수학 읽을거리
미신이냐 과학이냐

옛날 중국과 우리나라에서는 모든 것을 음양으로 나누어서 따지는 경향이 강했으며 지금도 그 전통이 뿌리 깊게 살아 있다.

우리나라의 태극기가 이것을 상징하고 있다. 옛날에는 두 가지 막대를 써서 앞달에 일어날 좋고 나쁜 일을 점쳤는데, 이것을 '역'이라고 부른다. 우리나라 태극기의 네 구석이 있는 것은 이 '역'의 원리의 일부이다.

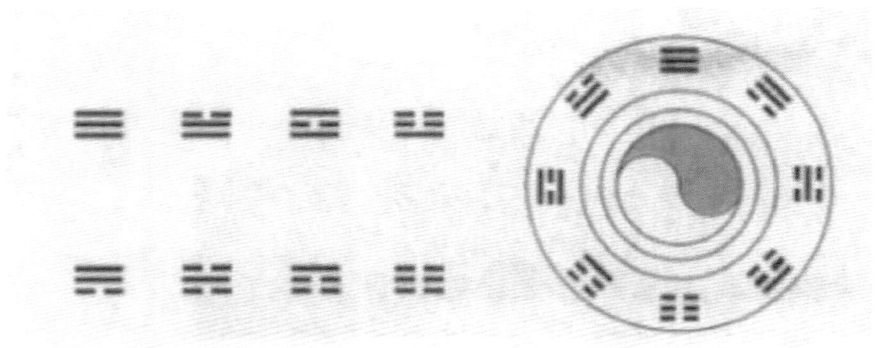

'팔괘(八卦)'라고 부르는 이 원리는 위의 8가지인데 '一'(양)을 1, ' '(음)을 0으로 생각하고 고쳐 쓰면 111, 011, 101, 001, 110, 010, 100, 000과 같이 되어, 2진법의 0부터 7까지의 수와 꼭 들어맞는다.

이 사실을 처음으로 지적한 사람은 독일의 철학자 라이프니츠(Leibniz, G.W.; 1646~1716)이었다.

음양 사상이란 태양과 달, 남자와 여자, 홀수와 짝수, … 와 같이 세상의 모든 것을 음과 양으로 분류해서 생각하는 사상이다.

이 음양 사상이 유럽으로 전해졌으며, 위대한 철학자, 과학자 중에는 그 영향을 받은 사람은 적지 않았다. 그 대표적인 예가 라이프니츠에 의해 발명된 2진법이다. 지금의 컴퓨터의 수학적 구조는 2진법인데, 이 2진법의 수학이 사실은 동양의 음양 사상의 영향을 받아 태어났다는 사실은 아주 흥미를 끈다. 우리도 이제부터는 자부심을 갖고 수학 공부를 더욱 더 열심히 해야 되겠다.

심선생 MATH SERIES

SAT SUBJECT TEST

MATH LEVEL 2

필수 Concept 완성과 Concept 완성을 위한 핵심 110제

CHAPTER 9

COUNTING, PROBABILITY, PROPOSITION, MATRIX, IMAGINARY NUMBER AND COMPLEX NUMBER, Conics

1. **Counting**

1) **Permutation**

순서대로 일렬로 배열하는 것을 "Permutation"이라고 합니다. 다음을 기억해 둡시다.

- $_nP_r = n$개중 r개를 순서대로 일렬로 배열
- $_nP_n = n$개중 n개를 일렬로 배열 $= n!$

다음을 가벼운 마음으로 읽어봅시다.

$$\underbrace{n! =}_{n개를\ 일렬배열}\ \underbrace{\overset{첫번째}{n} \times \overset{두번째}{(n\text{-}1)} \times \overset{세번째}{(n\text{-}2)} \times \cdots \times \overset{r번째}{\{n\text{-}(r\text{-}1)\}}}_{n개중\ r개를\ 일렬배열\ =_nP_r} \times \underbrace{(n\text{-}r) \times \cdots \times 3 \times 2 \times 1}_{(n\text{-}r)!}$$

$$\Rightarrow n! = {}_nP_r \times (n-r)! \Rightarrow {}_nP_r = \frac{n!}{(n-r)!} \cdots$$

$_nP_r = \dfrac{n!}{(n-r)!}$ 을 암기해야 하지만 대부분의 학생들이 자주 잊는 경우가 많으므로

다음의 예제를 통해 계산법을 익히도록 합시다.

① $_7P_3 = \dfrac{n!}{(7-3)!} = \dfrac{7!}{4!} = \dfrac{7 \cdot 6 \cdot 5 \cdot 4 \cdot 3 \cdot 2 \cdot 1}{4 \cdot 3 \cdot 2 \cdot 1} = 7 \cdot 6 \cdot 5 \cdots$

② $_5P_2 = \dfrac{5!}{(5-2)!} = \dfrac{5!}{3!} = \dfrac{5 \cdot 4 \cdot 3 \cdot 2 \cdot 1}{3 \cdot 2 \cdot 1} = 5 \cdot 4$

③ $_8P_4 = 8 \cdot 7 \cdot 6 \cdot 5$

④ $_{10}P_3 = 10 \cdot 9 \cdot 8$

⑤ $_3P_3 = 3 \cdot 2 \cdot 1 = 3! \cdots$

일렬로 나열하는 경우의 수는 ① 일일이 직접 세 보아도 되고 ② 곱셈을 이용하여 구해도 되고 ③ $_nP_r$ 을 이용해서 구해도 됩니다.

편의상 일렬로 나열하는 경우에는 $_nP_r$ 을 자주 이용하는 것입니다.

2) Combination

"뽑기"를 "Combination"이라고 합니다.

다음을 기억해 둡시다.

$_nC_r = n$개중 r개를 뽑는 경우의 수

다음을 가벼운 마음으로 읽어 봅시다.

$$\underline{_nP_r} \qquad = \qquad \underline{_nC_r} \qquad \times \qquad \underline{r!}$$

n개중 r개 일렬배열 $\qquad\qquad\quad n$개중r개 뽑아서 $\qquad\qquad r$개를 일렬로 배열

$$=\frac{n!}{(n-r)}$$

$$\Rightarrow {}_nC_r = \frac{_nP_r}{r!} = \frac{n!}{(n-r)!\,r!}$$

$_nC_r = \dfrac{n!}{(n-r)!\,r!}$ 을 암기해야 하지만 암기보다는 다음의 예제들을 통해서 계산법을 익히도록 합시다.

① $\;_5C_3 = \dfrac{5!}{(5-3)! \cdot 3!} = \dfrac{5 \cdot 4 \cdot 3 \cdot 2 \cdot 1}{2 \cdot 1 \cdot 3 \cdot 2 \cdot 1} = \dfrac{5 \cdot 4 \cdot 3}{3!} = 10$

② $\;_5C_2 = \dfrac{5!}{(5-2)! \cdot 2!} = \dfrac{5 \cdot 4 \cdot 3 \cdot 2 \cdot 1}{3 \cdot 2 \cdot 1 \cdot 2 \cdot 1} = \dfrac{5 \cdot 4}{2!} = 10$

③ $\;_7C_2 = \dfrac{7 \cdot 6}{2!} = 21$

④ $\;_7C_5 = \dfrac{7 \cdot 6 \cdot 5 \cdot 4 \cdot 3}{5!} = 21$

⑤ $\;_{10}C_3 = \dfrac{10 \cdot 9 \cdot 8}{3!} = 120$

예제에서 보는 것처럼 $_5C_3 = {}_5C_2$ 이고 $_7C_2 = {}_7C_5$ 즉, $_nC_4 = {}_nC_{n-r}$ 의 성질이 성립합니다.

뽑는 경우의 수는 ① 일일이 직접 세 보아도 되고 ② O, X를 일렬로 배열하는 경우의 수로 구해도 되고 ③ $_nC_r$을 이용해서 구해도 됩니다.

편의상 뽑는 경우에는 $_nC_r$을 자주 이용하는 것입니다.

2. Probability

Probability 문제는 ① 조건을 Probability로 주는 경우와 ② 조건을 경우의 수로 주는 경우로 나눌 수 있습니다.
다음을 봅시다.

Probability
- ① Probability로 주는 경우 : 주어지는 Probability를 곱하거나 더하는 문제
- ② 경우의 수로 주는 경우 : $\dfrac{n(A)}{n(S)}$ 문제. 즉, $\dfrac{\text{해당되는 경우의 수}}{\text{전체 경우의 수}}$ 로 두는 문제
- ③ 기하학적 확률

① Probability로 주는 경우

간단하게 말씀드리자면... "and", "~이고", "계속해서 연결되는 느낌".... 이면 곱하고, "or", "이런 경우와 저런 경우"로 분류하였을 때는 각각의 경우를 구하여 더하게 됩니다.

간단한 예를 들자면

(Example 1) The probability of snowing the next day of a snowy day is $\dfrac{1}{4}$, the probability of snowing the day after a day of no snow is $\dfrac{1}{5}$. What is the probability of snowing on February 3rd 2009, after a snowy day on February 1st 2009?

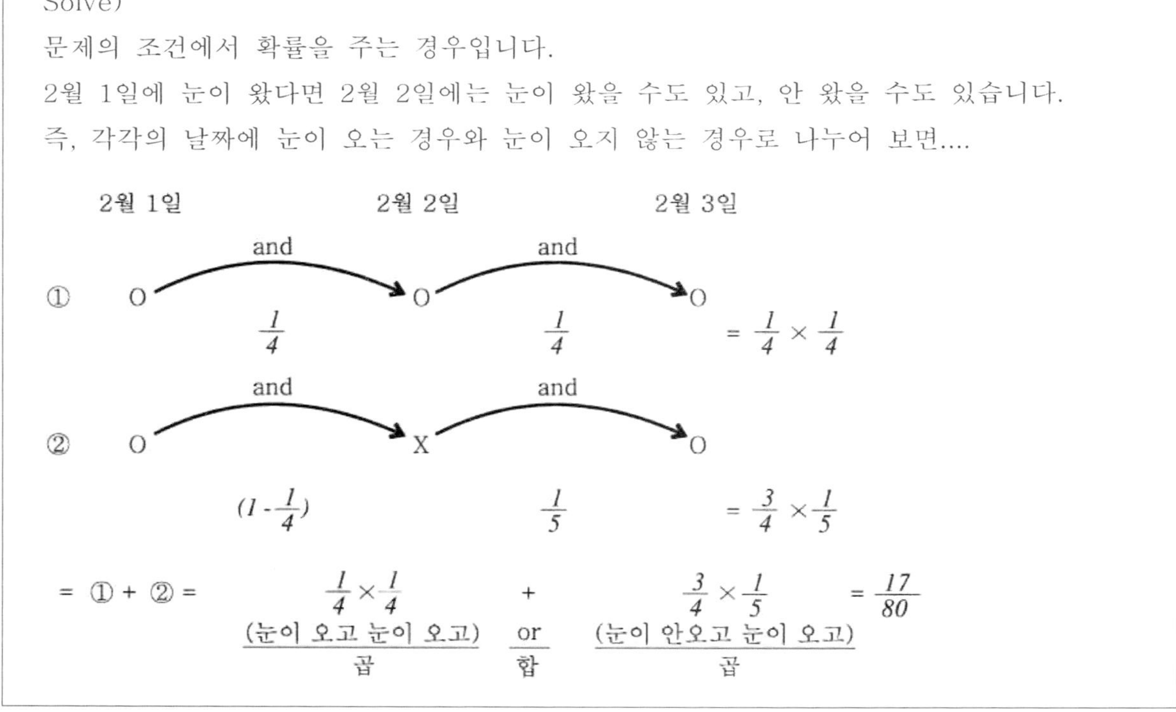

(Example 2) There are 3 white, 5 black, and 2 blue balls in a box. Assume that the balls are NOT put back once it is chosen. What is the probability of the balls being chosen in the order of white, blue, blue or black, blue, white?

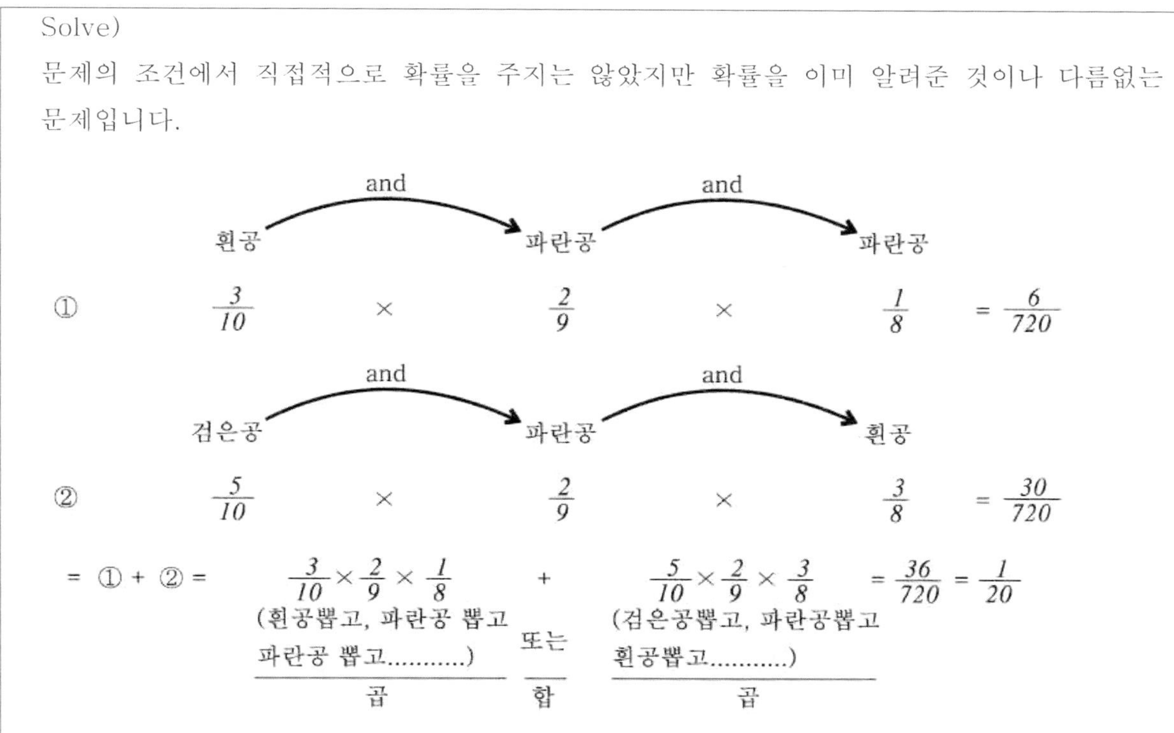

② 경우의 수로 주는 경우

$$\frac{\text{해당되는 경우의 수}}{\text{전체 경우의 수}} = \frac{n(A)}{n(S)}$$ 로 푸는 문제입니다.

이때, 경우의 수는

Combination을 이용하기 또는 직접 세는 경우의 두 가지 방법으로 구할 수 있습니다.

Combination을 이용하기

"뽑기", "선택하기"는 모두 Combination을 이용하시면 됩니다.

다음의 예를 봅시다.

(Example 3) There are 4 white, 2 black, 3 blue balls in a box. What is the probability of a white ball being chosen when 1 ball is chosen?

Solve)

당연히 $\dfrac{4}{4+2+3}=\dfrac{4}{9}$ 입니다.

또는 이렇게 생각하셔도 됩니다.

전체 9개 중 1개를 뽑는데 ($=\,_9C_1$) 흰 공 4개 중 1개를 뽑을 ($=\,_4C_1$) 확률

$$=\frac{_4C_1}{_9C_1}=\frac{4}{9}$$

(Example 4) Among 4 boys and 3 girls, what is the probability of electing 1 girl as a leader?

Solve)

$$P=\frac{\text{남자 4명 중 대표 2명 뽑기} \times \text{여자 3명 중 대표 1명 뽑기}}{\text{전체 7명 중 대표 3명 뽑는 경우의 수}}$$

$$=\frac{_4C_2\times{}_3C_1}{_7C_3}=\frac{18}{35}$$

직접 세는 경우

Digit(0~9), Dice(1~6), $-2 \leq x \leq 3$ (x is an integer....), Positive integer 등과 같이 숫자의 범위가 한정되어 있다면 직접 세는 경우의 문제입니다.

다음의 예제를 봅시다.

(Example 5) When two random numbers are chosen from {1, 2, 3, 4, 5}, what is the probability of two numbers summed being greater than 7?

Solve)

1~5까지 숫자의 범위가 한정되어 있으므로 직접 셀 수 있는 경우의 문제입니다.

$$P = \frac{\text{합이 7 이상이 되는 경우의 수}}{1 \sim 5\text{까지의 수에서 두개의 수를 뽑는 경우의 수}} \quad \text{에서}$$

1~5까지의 수에서 두 개의 수를 뽑는 경우의 수 ($= {}_5C_2$)

두 수의 합이 7 이상이 되는 경우의 수 (2. 5), (3, 4), (3, 5), (4, 5), ... 총 4가지

그러므로 $P = \dfrac{4}{{}_5C_2} = \dfrac{4}{10} = \dfrac{2}{5}$

③ 기하학적 확률

$$P = \frac{\text{해당면적}}{\text{전체면적}} \quad or \quad P = \frac{\text{해당길이}}{\text{전체길이}}$$

예를 들어, 다음의 그림에서

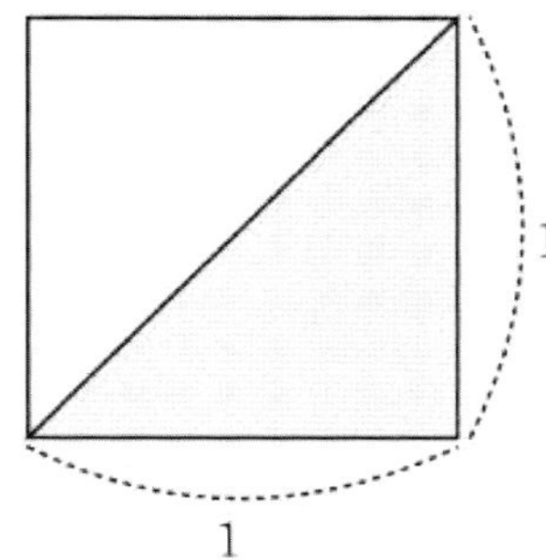

정사각형 내부에서 색칠된 삼각형이 차지하는 비율

$$= \frac{\triangle \text{면적}}{\square \text{면적}} = \frac{\frac{1}{2}}{1} = \frac{1}{2}$$

3. Proposition

"TRUE" 또는 "FALSE"를 구별할 수 있는 문장을 말합니다. 예를 들어보면

① $1+3=5$ 의 경우에는 "FALSE"이므로 PROPOSITION!

② $x>1$의 경우에는 "TRUE"인지 "FALSE"인지 알 수 없으므로 PROPOSITION이 아닙니다.

다음을 꼭 알아둡시다.

PROPOSITION은 다음과 같이 쓰이며 다음의 문장은 모두 같은 표현입니다.

$If\ x=p,\ then\ x=q.$

$= x=p\ \rightarrow\ x=q$

$= x=p\ \leq\ x=q$

$= x=p\ \subset\ x=q$

다음의 Proposition이 True인지 False인지 봅시다.

① $If\ x=3,\ then\ x^2=9.$ (True)

$\Rightarrow x=3\ \leq\ x=3$ or $x=-3$, 즉, 3은 ±3에 포함되기 때문에 True.

② $If\ x\neq 3,\ then\ x^2\neq 9.$ (?)

$\Rightarrow$ 이와 같은 경우에 True인지 False인지 구별하기 어려워집니다.

이런 경우에 바로 Contraposition(대우)을 이용해야 합니다.

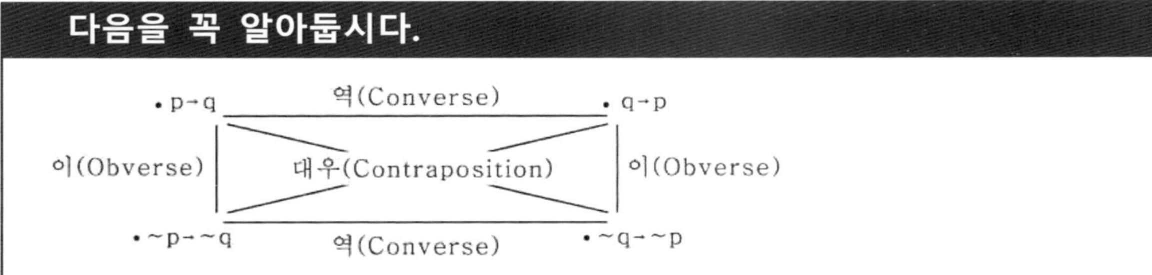

① Contraposition은 true 또는 false가 원래 문장과 일치합니다. 즉, true 또는 false인지 애매한 경우에는 contraposition을 이용해야 합니다.

② 역(Converse) 또는 이(Obverse)는 true 또는 false 일치 여부를 알 수 있습니다.

위에 설명한 내용을 가지고 앞에서 제시한 문제를 다시 풀어 봅시다.

$If\ x\neq 3,\ then\ x^2\neq 9$

$\Rightarrow If\ x^2=9,\ then\ x=3.$

$\Rightarrow x\neq\pm 3\ \leq\ x=3.$ (False)

$\Rightarrow x=\pm 3$ 은 $x=3$에 포함되지 않기 때문입니다.

4. Matrix

간단한 풀이 방법만 알면 해결되는 부분입니다.

Precalculus에서 Matrix를 공부할 때에 곱셈, 덧셈, 뺄셈, 역행렬, 3×3 행렬에서의 major determinant 와 minor determinant, Cramer's rule 등을 배웠을 것입니다.

여기에서는 위의 것들을 모두 다루지 않고 시험에 나올만한 몇 가지만 설명하도록 하겠습니다.

① Matrix(행렬)

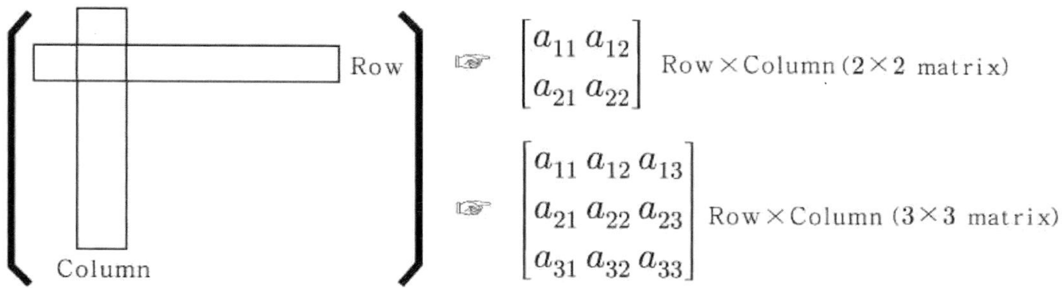

$$\begin{bmatrix} a_{11} & a_{12} \\ a_{21} & a_{22} \end{bmatrix} \text{Row}\times\text{Column}\,(2\times2\ \text{matrix})$$

$$\begin{bmatrix} a_{11} & a_{12} & a_{13} \\ a_{21} & a_{22} & a_{23} \\ a_{31} & a_{32} & a_{33} \end{bmatrix} \text{Row}\times\text{Column}\,(3\times3\ \text{matrix})$$

② 행렬의 덧셈과 뺄셈 $\begin{bmatrix} a & b \\ c & d \end{bmatrix} \pm \begin{bmatrix} e & f \\ g & h \end{bmatrix} = \begin{bmatrix} a\pm e & b\pm f \\ c\pm g & d\pm h \end{bmatrix}$

③ 행렬의 곱셈 $\begin{bmatrix} a & b \\ c & d \end{bmatrix} \cdot \begin{bmatrix} e & f \\ g & h \end{bmatrix} = \begin{bmatrix} ae+bg & af+bh \\ ce+dg & cf+dh \end{bmatrix}$

여기에서 알아두셔야 할 내용은 2×2 matrix와 2×2 matrix를 곱했더니 결과가 2×2 matrix였다는 것입니다.

<table>
<tr><td colspan="3">다음을 반드시 암기합시다.</td></tr>
<tr>
<td>• $(2\times2)\cdot(2\times2)=(2\times2)$</td>
<td>• $(3\times3)\cdot(3\times3)=(3\times3)$</td>
<td>• $(3\times2)\cdot(2\times4)=(3\times4)$</td>
</tr>
<tr>
<td>• $(3\times3)\cdot(2\times3)=$곱할 수 없다.</td>
<td>• $(2\times2)\cdot(3\times2)=$곱할 수 없다.</td>
<td></td>
</tr>
</table>

④ 역행렬(Inverse Matrix) $\begin{bmatrix} a & b \\ c & d \end{bmatrix}^{-1} = \dfrac{1}{ad-bc} \begin{bmatrix} d & -b \\ -c & a \end{bmatrix}$

⑤ Determinant of 2×2 matrix $\begin{vmatrix} a & b \\ c & d \end{vmatrix} = ad-bc$

⑥ Determinant of 3×3 matrix $\begin{vmatrix} \alpha & \beta & \gamma \\ a & b & c \\ d & e & f \end{vmatrix} = \alpha\begin{vmatrix} b & c \\ e & f \end{vmatrix} - \beta\begin{vmatrix} a & c \\ d & f \end{vmatrix} + \gamma\begin{vmatrix} a & b \\ d & e \end{vmatrix}$

$$= \alpha(bf-ce) - \beta(af-cd) + \gamma(ae-bd)$$

5. Imaginary number and Complex number

Imaginary number

$$\sqrt{-1} = \sqrt{1}\,i = i. \qquad \sqrt{-3} = \sqrt{3}\,i \dots$$

다음을 꼭 알아둡시다.

① $i \to i^2 = -1 \to i^3 = -i \to i^4 = 1 \to i^5 = i$ …

② i를 차례대로 4개를 더하면 0이 됩니다.

$i + i^2 + i^3 + i^4 = 0$, $i^{2009} + i^{2010} + i^{2011} + i^{2012} = 0$, $i^n + i^{n+1} + i^{n+2} + i^{n+3} = 0$

③ $a + bi$의 형태를 Complex number라고 하며 다음과 같이 평면에 나타낼 수 있습니다.

예를 들어, ① $2 - 3i$를 나타내면, ② $-2 + 3i$를 나타내면…

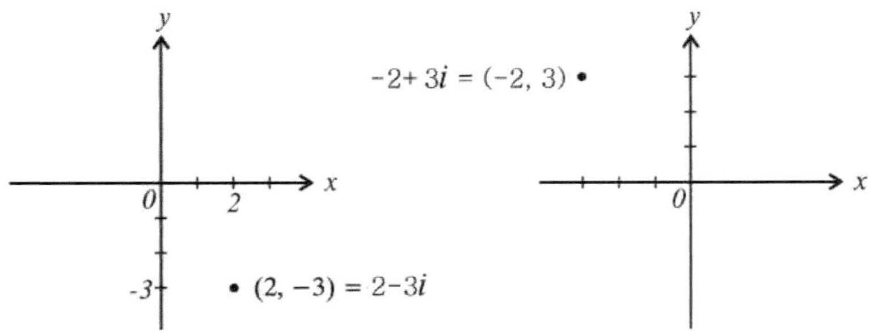

④ $a + bi = c + di$ 에서 $a = c$ 이고 $b = d$

6. Conics

$ax^2 \pm by^2 + cx + dy = e = 0$ 의 형태를 Conics라고 하는데 Conics에는 Circle, Parabola, Hyperbola, Ellipse가 있고 다음의 두 가지만 익히면 됩니다.

① $a(x - p)^2 \pm b(y - q)^2 + c = 0$ 에서 Center Point는 $(p,\ q)$ (※ Parabola는 Center Point가 없습니다.)

② Ellipse의 Standard Form $\Rightarrow \dfrac{x^2}{a^2} + \dfrac{y^2}{b^2} = 1$

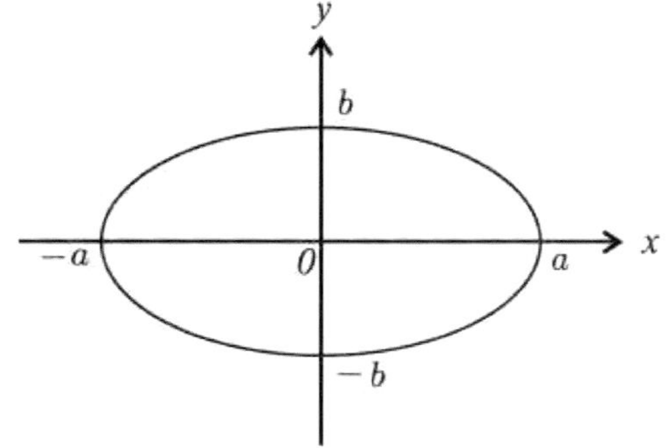

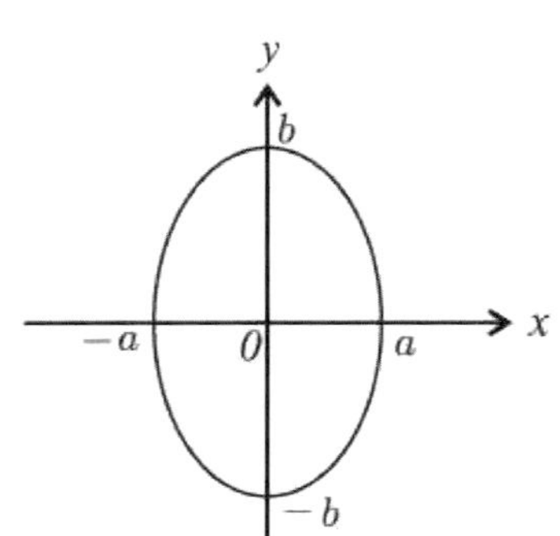

심선생 MATH SERIES

SAT SUBJECT TEST

MATH LEVEL 2

필수 Concept 완성과 Concept 완성을 위한 핵심 110제

CHAPTER 10

INTEGER, Z-SCORE, BOXPLOT

1. Integer

Integer를 Counting Number라고 합니다.
즉, "직접 찾을 수 있는 수"인 것입니다.

다음의 두 가지 예를 봅시다.

$$① \begin{cases} x+y=3 \\ x-y=1 \end{cases} \qquad\qquad ②\ xy=4$$

①의 경우에는 Variable 2개에 Equation도 2개이므로 풀 수 있지만, ②의 경우에는 Variable 2개에 Equation이 1개입니다. 즉, 풀 수 없는 상태이지만 x, y 가 Positive Integer라고 한다면 우리는 직접 찾을 수 있을 것입니다.

$$\Rightarrow\ (x,\ y)=(1,\ 4),\ (2,\ 2),\ (4,\ 1)$$

즉, Integer는 "Counting Number"이기 때문에 Variable 개수가 Equation 개수보다 많아도 직접 찾으면 되기 때문에 모두 해결이 된다는 것입니다.

Divisor 개수

12의 Divisor는 {1, 2, 3, 4, 6, 12}로 6개입니다.

12를 Prime factor로 나누어 보면, $12=2^2\times3^1$ 이고, $2^0,\ 2^1,\ 2^2$ 과 $3^0,\ 3^1$ 을 짝짓는 경우의 수가 12의 Divisor의 개수가 됩니다.

즉, $(2+1)\times(1+1)=6$ 이 되는 것입니다. 1은 모든 Number의 Divisor이기 때문에 다음과 같은 식이 만들어지게 됩니다.

$$N=p^a\cdot q^b\cdot r^c\ \ (p,\ q,\ r \ 은\ \text{Prime number})$$

$$N\ \text{의 Divisor 개수} = (a+1)\cdot(b+1)\cdot(c+1)$$

2. Z-Score

Z-Score를 표준화 점수라고 합니다.

만약, 어느 학생의 Math 성적이 각각 90, 92, 94점이었다고 해봅시다. 이 세 성적 중 같은 시험을 본 다른 학생들에 비해 가장 잘 본 시험은 몇 점짜리 시험이었을까요?
이럴 때 쓰는 공식이 바로 Z-Score입니다.

다음을 반드시 암기합시다.

$$Z\ Score = \frac{\text{학생 성적 (주어지는 값)} - Mean}{Standard\ Deviation}$$

다음의 예를 보도록 합시다.

	Student's Score	Class Mean	Standard Deviation
Test A	90	4	2
Test B	92	2	6
Test C	94	6	4

Test A : Z-Score $= \dfrac{90-4}{2} = 43$

Test B : Z-Score $= \dfrac{92-2}{6} = 15$

Test C : Z-Score $= \dfrac{94-6}{4} = 22$

위의 Z-Score의 결과로 보면 Test A, Test C, Test B 순으로 다른 학생들에 비해 성적이 높다고 볼 수 있습니다.

3. Boxplot

"Boxplot"은 앞에서도 언급은 하였지만, 이번 Chapter에서 좀 더 자세하게 다루도록 하겠습니다.

예를 들어, 어느 Class 10명의 Quiz 성적이 다음과 같을 때의 Boxplot을 그려봅시다.

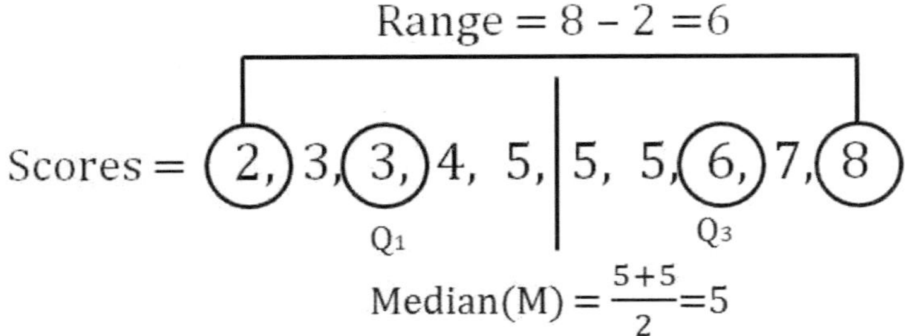

$\Rightarrow$ Median 아랫부분(Lower)의 Median을 Quartile1(Q_1), 윗부분(Upper)의 Median을 Quartile3(Q_3)이라고 하면

① $Q_3 - Q_1 =$ Interquartile Range $= 6 - 3 = 3$

② Range $= 8 - 2 = 6$

③ 위의 상황을 Boxplot으로 표현하면 다음과 같다.

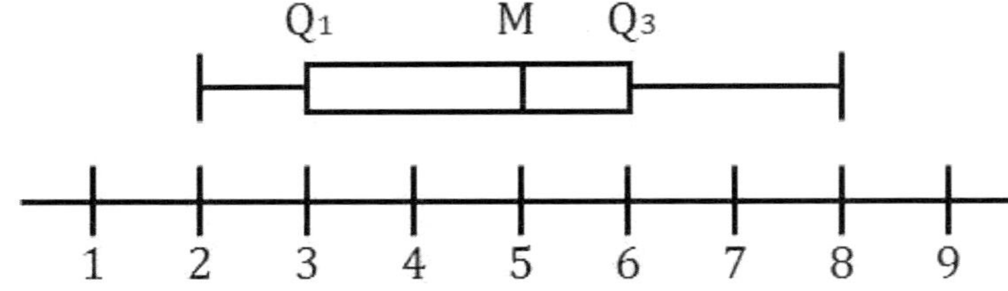

심선생 MATH SERIES

SAT SUBJECT TEST

MATH LEVEL 2

필수 Concept 완성과 Concept 완성을 위한 핵심 110제

1. TRIGONOMETRIC FUNCTION
POLAR COORDINATE

1. In the figure below, the length of $\overline{BC}$ is

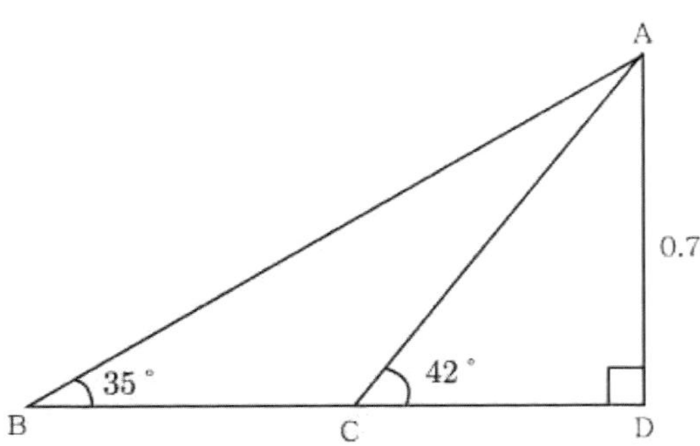

(a) 0.78　　(b) 0.7　　(c) 0.55

(d) 0.22　　(e) 0.13

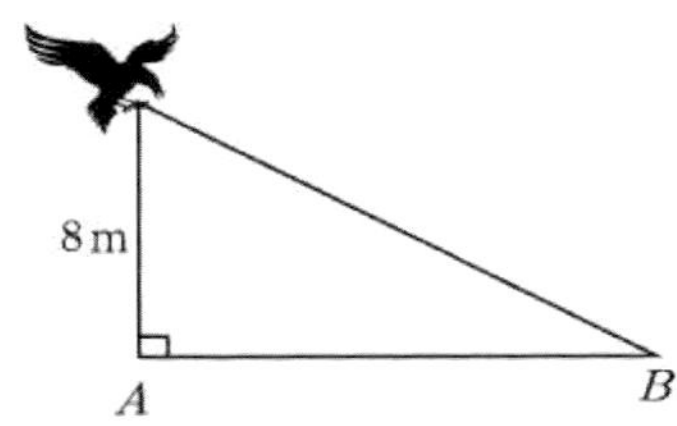

2. In the figure above, the bird flies 8 meters above the ground. If the depression angle is 60°, what is the distance from point A to B?

(a) 3.46　　(b) 4.62　　(c) 9.24　　(d) 13.86　　(e) 16.00

3. An autobike begins to on a level road directly toward a building that is 150 feet tall. How far does the car travel during the time that the angle of elevation from the autobike to the top of the building changes from 27° to 36°?

(a) 43 feet　　(b) 55 feet　　(c) 71 feet　　(d) 88 feet　　(e) 97 feet

4. In the figure below, what is θ?

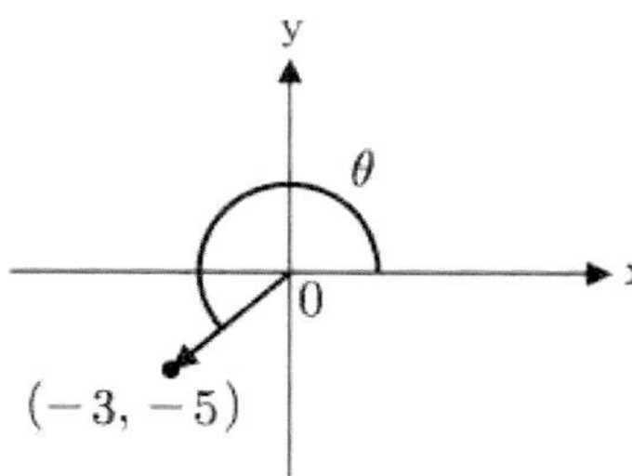

     (a) $239.04°$ (b) $218.03°$ (c) $200.05°$

     (d) $197.73°$ (e) $189.37°$

5. If $\sin x = t$ and $0 < x < \dfrac{\pi}{2}$, then $\tan x =$

(a) $\dfrac{t}{\sqrt{t^2-1}}$ (b) $\dfrac{t}{\sqrt{1-t^2}}$ (c) $\dfrac{1}{\sqrt{1-t^2}}$ (d) $\dfrac{t}{\sqrt{t^2+1}}$ (e) $\dfrac{t}{\sqrt{1+t^2}}$

6. If $\sin^2\dfrac{2}{\pi} + \sin^2\dfrac{\pi}{a} + \sec^2\dfrac{\pi}{b} = 1.71$, then what is the value of $\cos^2\dfrac{2}{\pi} + \cos^2\dfrac{\pi}{a} - \tan^2\dfrac{\pi}{b}$?

  (a) -0.71 (b) 0.29 (c) 0.79 (d) 1.29 (e) 3.00

7. Given that $f(g(x)) = \cos^2 x$, $g(x) = \sin x$. What is $f(x)$?

  (a) x^2 (b) $1+x^2$ (c) $1-x^2$ (d) x^2-1 (e) $\dfrac{1}{x^2}$

8. If $\sin\theta = x^2$ and $0 < \theta < \dfrac{\pi}{2}$, then $\sin 2\theta =$

  (a) $2x^2\sqrt{1-x^4}$ (b) $\sqrt{1-x^4}$ (c) $x^2\sqrt{1-x^4}$ (d) $x^2\sqrt{x^4-1}$ (e) $2x\sqrt{x^4-1}$

9. If $\sin x = 0.9$, what is the value of $\cos\dfrac{x}{2}$?

  (a) 0.613 (b) 0.684 (c) 0.721 (d) 0.847 (e) 0.932

10. The Maximum value of $2\sin 2x \cos 2x$ is

  (a) -1 (b) 0 (c) 1 (d) $\dfrac{1}{2}$ (e) 2

Math Level 2 이론편

11. What is the period of $|\tan 2x|$?

   (a) 2π (b) $\dfrac{3}{2}\pi$ (c) π (d) $\dfrac{\pi}{2}$ (e) $\dfrac{\pi}{4}$

12. In the figure below, what is the area of $\triangle ABC$?

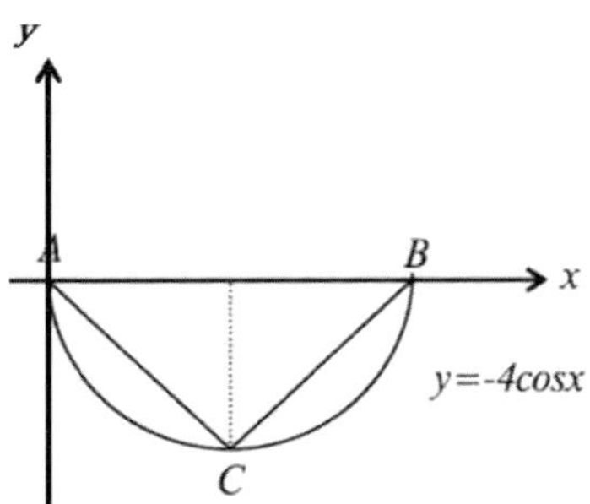

   (a) $\dfrac{\pi}{6}$ (b) $\dfrac{\pi}{4}$ (c) $\dfrac{\pi}{2}$ (d) π (e) 2π

13. A machine can produce P amount of the product each day in a factory.

Given that $P = 9.1 - 3.3\cos\left\{\dfrac{\pi}{6}(x-3)\right\}$, what is the difference between the minimum and the

maximum amount of the product that can be produced each day?

   (a) 3.3   (b) 6.6   (c) 7.2   (d) 9.4   (e) 12.4

14. In the figure below, if $y = 4\cos bx$ and the area of $\triangle OAB$ is $\dfrac{\pi}{12}$, then what is the value of

b?

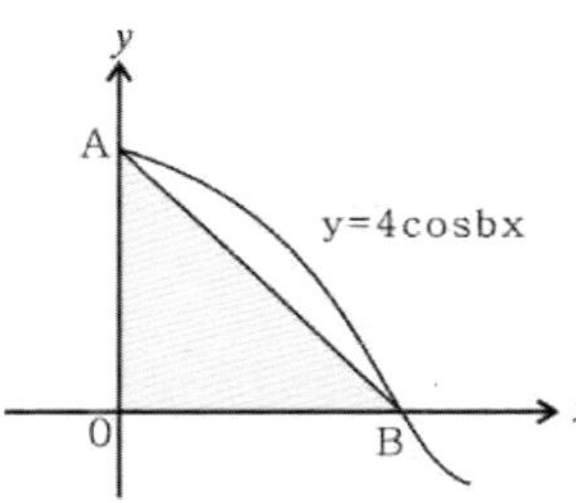

   (a) $\dfrac{1}{4}$ (b) $\dfrac{1}{2}$ (c) 4   (d) 10   (e) 12

15. Figure I is a graph of $y = a\cos b(x+c)+d$. What value must be changed for graph I to become graph II?

I.   II.

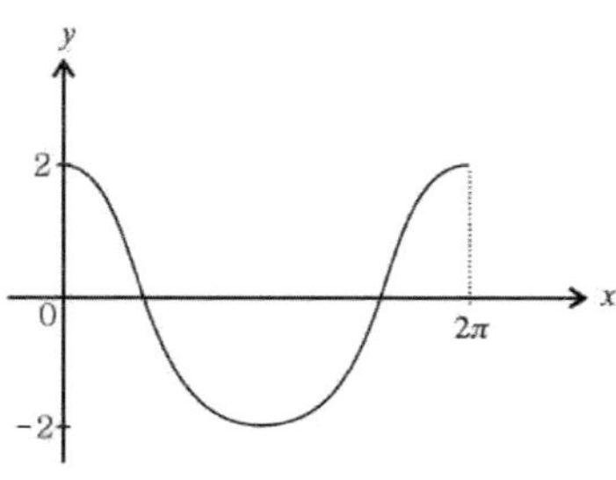

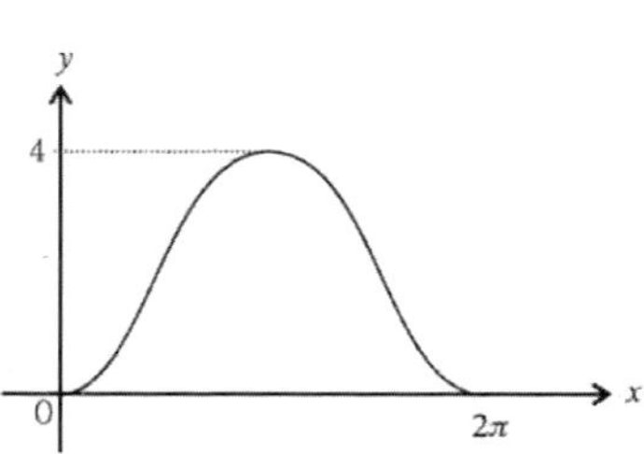

   (a) a, b   (b) b, c   (c) c, d   (d) a, c, d   (e) a, b, c

16. A triangle has sides measuring 10, 13, and 19inches. What is the measure of its largest scale?

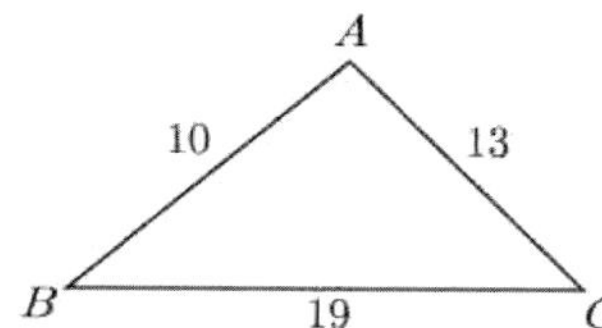

      ⓐ 101.12°   ⓑ 103.72°   ⓒ 107.03°

      ⓓ 110.72°   ⓔ 115.02°

17. If $\angle A = 102°$, $\angle B = 23°$ and side $\overline{AC} = 17$, what is the length of side $\overline{AB}$?

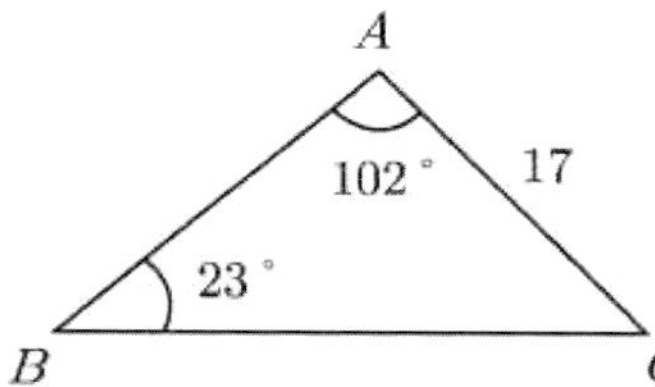

      ⓐ 27.35°   ⓑ 31.37°   ⓒ 35.64°

      ⓓ 38.71°   ⓔ 40.73°

18. In the figure below, what is the area of $\triangle ABC$?

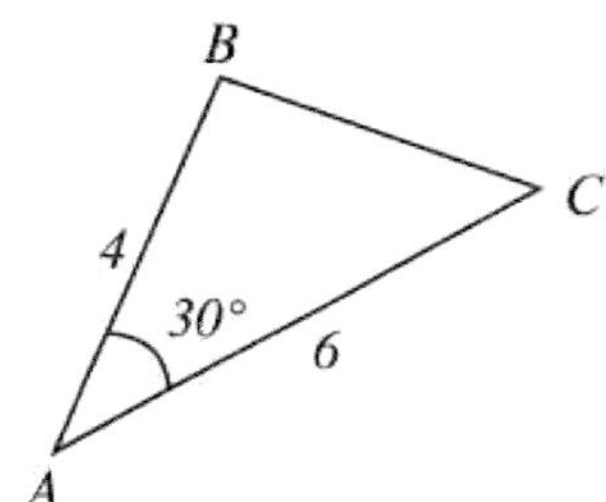

      ⓐ 4   ⓑ 6   ⓒ 9   ⓓ 12   ⓔ 24

19. If $\sin\left(\dfrac{5\pi}{12} - x\right) = \dfrac{\sqrt{2}}{2}$ and $0 < x < 90°$, then $x =$

ⓐ $\dfrac{\pi}{6}$ ⓑ $\dfrac{\pi}{3}$ ⓒ $\dfrac{\pi}{2}$ ⓓ $\dfrac{2\pi}{3}$ ⓔ $\dfrac{5\pi}{6}$

20. The Maximum value of $(2 - \sin x)(3 + \cos 5x)$ is

ⓐ 12.92   ⓑ 11.81   ⓒ 10.07   ⓓ 9.83   ⓔ 8.85

21. Given that : $h(x) = \sin x$, $f(x) = \cos x$, $h(x) = f(g(x))$, Find $g(x)$.

ⓐ $\dfrac{\pi}{2} + x$ ⓑ $\dfrac{\pi}{2} - x$ ⓒ $\pi - x$ ⓓ $\pi + x$ ⓔ $2\pi - x$

22. $\cos\theta + \cos(\pi + \theta) + \sin(-\theta) + \cos\left(\dfrac{3\pi}{2} + \theta\right) =$

ⓐ $\cos\theta$ ⓑ 0   ⓒ $\sin\theta$ ⓓ $2\cos\theta$ ⓔ $-2\cos\theta$

23. Convert 2.7 radians into degree measure.

   (a) $77.8°$ (b) $118.9°$ (c) $154.7°$ (d) $171.3°$ (e) $183.7°$

24. $\sin\alpha = \dfrac{\sqrt{3}}{2}$, $\cos\beta = -\dfrac{\sqrt{2}}{2}$, $0° < \alpha < 360°$, and $0° < \beta < 360°$. Which of the following cannot be $\alpha + \beta$?

   (a) $195°$ (b) $225°$ (c) $255°$ (d) $285°$ (e) $345°$

25. If a point has rectangular coordinates $(\dfrac{1}{2}, -\dfrac{\sqrt{3}}{2})$, then what are its polar coordinate?

   (a) $(1, \dfrac{\pi}{3})$ (b) $(-1, \dfrac{5}{3}\pi)$ (c) $(-1, -\dfrac{\pi}{3})$ (d) $(1, \dfrac{5}{3}\pi)$ (e) $(-1, \dfrac{\pi}{3})$

26. If a point has polar coordinates $(2, \dfrac{\pi}{3})$, then what are its rectangular coordinates?

   (a) $(1, \sqrt{3})$ (b) $(\sqrt{3}, 1)$ (c) $(\sqrt{2}, 1)$ (d) $(1, \sqrt{2})$ (e) $(\sqrt{2}, \sqrt{3})$

27. Which of the following isn't equivalent to the polar coordinates $(1, \dfrac{\pi}{4})$?

   (a) $(1, \dfrac{17}{4}\pi)$ (b) $(1, -\dfrac{7}{4}\pi)$ (c) $(-1, \dfrac{3}{4}\pi)$ (d) $(-1, \dfrac{5}{4}\pi)$ (e) $(-1, -\dfrac{3}{4}\pi)$

2. SEQUENCE

28. If the 10th term of an arithmetic sequence is 50, and the 28th term is 140, what is the first term of the sequence?

  ⓐ 3   ⓑ 4   ⓒ 5   ⓓ 6   ⓔ 7

29. If -3, a, 9 are three terms of an arithmetic sequence, then a is

  ⓐ 2   ⓑ 3   ⓒ 4   ⓓ 5   ⓔ 6

30. If the 7th term of a Geometric sequence is 10, and the 4th term is 5, then the ratio is

  ⓐ 1.41   ⓑ 1.26   ⓒ 1.75   ⓓ 2   ⓔ 4

31. If $\dfrac{7}{2}$, 5, and $\dfrac{13}{2}$ are the first three terms of an arithmetic sequence, then what is the sum of the first 10 terms of the sequence?

  ⓐ 37.5   ⓑ 55   ⓒ 102.5   ⓓ 107   ⓔ 111.5

32. What is the arithmetic mean of integers from 1 to 226? (1 and 226 inclusive)

  ⓐ 89.5   ⓑ 101.5   ⓒ 113.5   ⓓ 165.5   ⓔ 227

33. If $b_1 = 2$ and $b_n = b_{n+1} + 3$ $(n \geq 2)$, the n $b_n =$

  ⓐ $2n - 3$ ⓑ $2n + 3$ ⓒ $3n + 5$ ⓓ $3n$ ⓔ $3n - 1$

* (34~35) $\begin{cases} a_1 = 1 \\ a_{n+1} = a_n + 4n \ (n \geq 1) \end{cases}$

34. Which of the terms of Sequence is equivalent to a_n?

  ⓐ 1, 5, 13, 20...   ⓑ 1, 5, 13, 25...   ⓒ 1, 5, 8, 20...   ⓓ 1, 9, 20, 29...   ⓔ 1, 9, 21, 38...

35. Find a_n

  ⓐ $(2n-1)^2$ ⓑ $2n^2 + 1$ ⓒ $2n^2 - 2n + 1$ ⓓ $2n^2 + 2n + 3$ ⓔ $(2n+1)^2$

36. If $a_n = i \cdot a_{n-1}$ and $a_5 = 1 - 2i$, then what is a_{2009} ?

  ⓐ $1 + 2i$ ⓑ $2 + i$ ⓒ $-1 + 2i$ ⓓ $-2 - i$ ⓔ $1 - 2i$

3. VECTOR, STANDARD DEVIATION, MEAN/MODE/MEDIAN, Z-SCORE

37. Given the three vectors $\vec{a}$, $\vec{b}$, and $\vec{c}$ in the figure below, which of the following expressions denotes the vector operation?

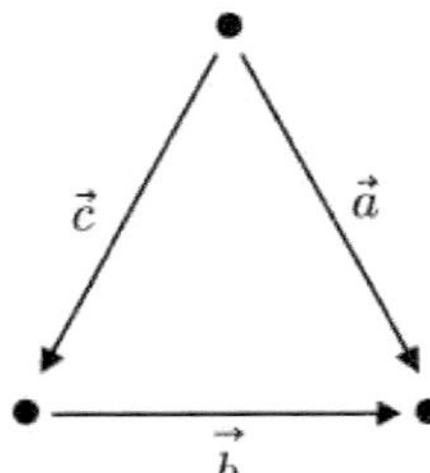

    (a) $\vec{c} = \vec{a} + \vec{b}$ (b) $\vec{a} = \vec{b} - \vec{c}$ (c) $\vec{b} = \vec{a} + \vec{c}$

    (d) $\vec{c} = \vec{a} - \vec{b}$ (e) $\vec{a} = -\vec{b} - \vec{c}$

38. What is the magnitude of vector $\vec{a}$ with initial point $(1, 2)$ and terminal point $(6, -10)$?

    (a) 3   (b) 5   (c) 8   (d) 11   (e) 13

39. The angle for the vector $\vec{a}$ and $\vec{b}$ is $50°$. The magnitude for these vectors $\vec{a}$ and $\vec{b}$ are 2 and 3 respectively. What is the magnitude of $\vec{a} + \vec{b}$?

    (a) 4.55   (b) 5   (c) 5.55   (d) 6   (e) 7

40. When the numbers are given as below, which one is the correct answer?

125, 125, 126, 127, 132

    (a) Mode < Median < Mean   (b) Mode < Mean < Median   (c) Mean < Mode < Median
    (d) Mean < Median < Mode   (e) Median < Mode < Mean

41. The table shown below represents the final exam results for 24 students from precalculus class. What is the mean for these results?

Score	Frequency
31~40	5
41~50	11
51~60	5
61~70	3

    (a) 44   (b) 46.5   (c) 48   (d) 50   (e) 52.5

42. In the stemplot below, what is the median?

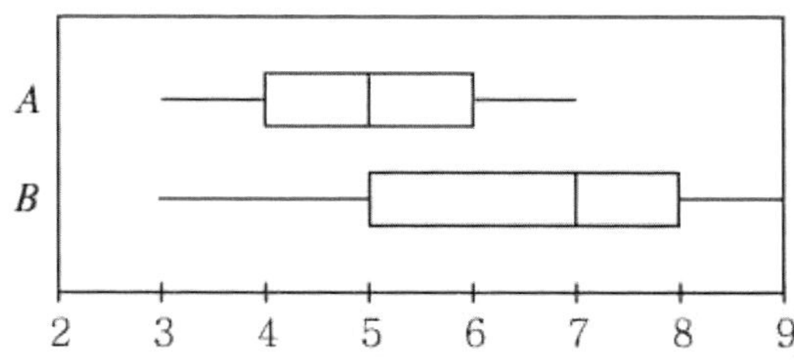

$$\begin{array}{c|l} 2 & 1\ 2\ 2 \\ 3 & 6\ 6\ 7\ 7\ 7 \qquad\quad 2\,|\,1 \quad \text{means } 21 \\ 4 & 1\ 2 \end{array}$$

ⓐ 22 ⓑ 36 ⓒ 36.5 ⓓ 37 ⓔ 41.5

43. In the Boxplot below, which of the following is true?

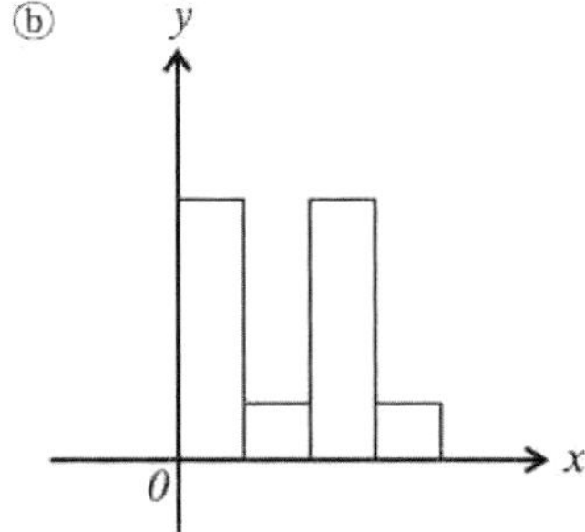

ⓐ The mode of A is 6.
ⓑ The mean of B is higher than the mean of A.
ⓒ The median of A is equal to the mode of B.
ⓓ The standard deviation of A is always higher than the standard deviation of B.
ⓔ The median of B is higher than the median of A.

44. Which one of the next diagrams shows the smallest standard deviation?

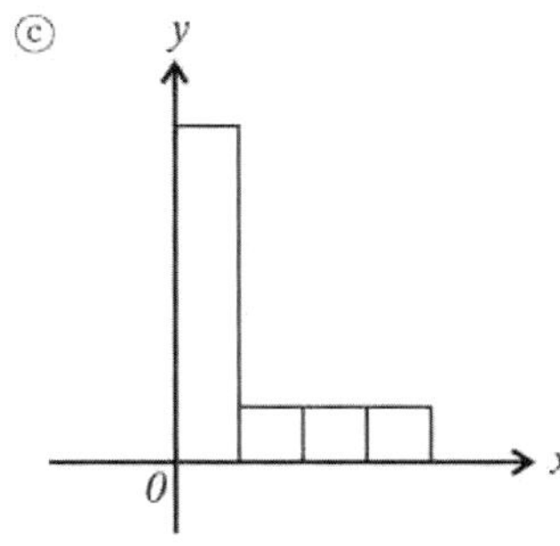

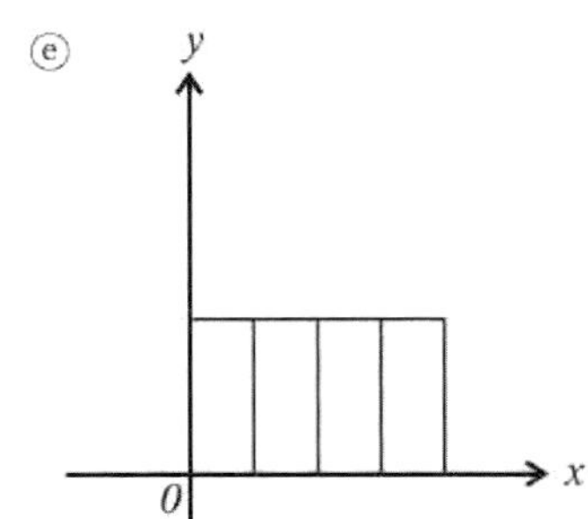

45. The standard deviation for four numbers. a, b, c, d is 0.1. If each number is increased by 2, which of the following is true?

  ⓐ Standard deviation will be increased by 2.

  ⓑ Standard deviation will be decreased by 2.

  ⓒ Standard deviation will be 0.1.

  ⓓ We don't have enough information.

  ⓔ Standard deviation will be just a little bit bigger than 0.1.

46. From the given distributions below, which of the following is the smallest standard deviation?

  ⓐ 1, 1, 5, 7, 8, 9, 9

  ⓑ 1, 3, 5, 5, 5, 7, 9

  ⓒ 1, 5, 10, 13, 17, 17

  ⓓ 5, 6, 7, 8, 9, 10, 11

  ⓔ 5, 7, 9, 11, 13, 15, 17

{3, 5, 1, 3, 3, 2, 6, 7, 8, 11}

47. In the data set above, what is the difference between interquartile range and median?

  ⓐ 0

  ⓑ 1

  ⓒ 2

  ⓓ 3

  ⓔ 4

48. On a test 1000 points, the mean of the student's score is 300, standard deviation is 50. If 400 point is the passing grade, how many students passed this test?

Z	$P(0 \leq Z \leq z)$
1.0	0.34
1.5	0.43
2.0	0.48

  ⓐ under 1%

  ⓑ 1~3%

  ⓒ 3~5%

  ⓓ 5~7%

  ⓔ 7~9%

4. 점과 좌표, %, CIRCLE, LOCUS EQUATION, LOG, EXPONENT

49. The volume of a cylinder is 10. The other cylinder's radius is 30% larger than that of the other cylinder and its height 30% longer. What is the volume of the other cylinder?

ⓐ 15.55　　　ⓑ 17.62　　　ⓒ 19.35　　　ⓓ 21.97　　　ⓔ 23.57

50. The annual salary of Andy was \$2,000 in 1980, and it gradually tripled to \$6,000 in 2010. How much did it increase each year from 1980 to 2010?

ⓐ 3%　　　ⓑ 3.2%　　　ⓒ 3.5%　　　ⓓ 3.7%　　　ⓔ 3.9%

51. Find the coordinates of center of the circle and the radius.
Equation of the circle is $x^2 + y^2 - 4x + 6y - 12 = 0$.

ⓐ (5, 2), 3　　　ⓑ (3, 5), 2　　　ⓒ (2, 5), 3　　　ⓓ (2, -3), 5　　　ⓔ (-3, 2), 5

52. Two circles, c_1 and c_2 are externally tangent. The center of c_1 is at the point (3, -1) and the center of c_2 has coordinates (-1, 2). When the radius of c_1 is 4, what is the radius of c_2 ?

ⓐ 1　　　ⓑ 2　　　ⓒ 3　　　ⓓ 4　　　ⓔ 5

53. Which one expressed "Distance from origin to a point (a, b) is longer than 5" correctly?

ⓐ $a^2 + b^2 > 25$　　ⓑ $a^2 + b^2 > 5$　　ⓒ $|a - b| \geq 5$　　ⓓ $b - a \geq 25$　　ⓔ $b - a > 5$

54. Which of the following is an equation whose graph is the set of points equidistant from the points $A(1, 1, 3)$ and $B(1, 2, 3)$?

ⓐ $y = \dfrac{1}{2}$　　　ⓑ $y = \dfrac{3}{2}$　　　ⓒ $x = \dfrac{1}{2}$　　　ⓓ $x = \dfrac{3}{2}$　　　ⓔ $x = 2$

55. Three different points $A, B,$ and C lie on a line in that order.
If $A(2, 3), B(4, 6),$ and $\overline{AB} : \overline{BC} = 2 : 1$, what is the coordinate of point C ?

ⓐ (5, 7.5)　　　ⓑ (7.5, 5)　　　ⓒ (8, 12)　　　ⓓ (12, 8)　　　ⓔ (5, 8)

56. If $x = t^2$ and $y = t$, which of the followings must be true? (t is a parameter and $y \geq 0$)

(a) $x^2 = y$ (b) $y = \sqrt{x}$ (c) $\dfrac{1}{x}$ (d) $y = x$ (e) $y = \dfrac{1}{\sqrt{x}}$

57. $x = -t^2 + 1$, $y = t$ and t is a parameter. Which one of these graphs below has shown the correct equation?

(a) 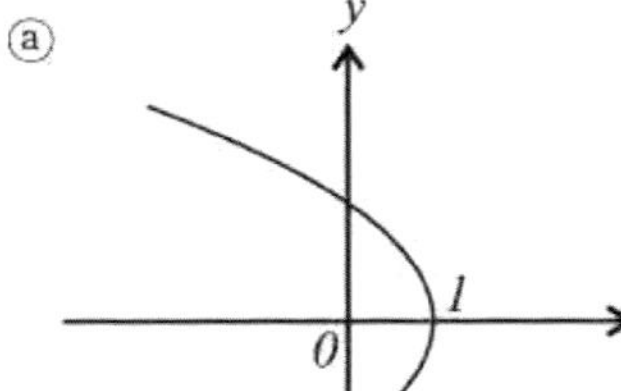   (b) 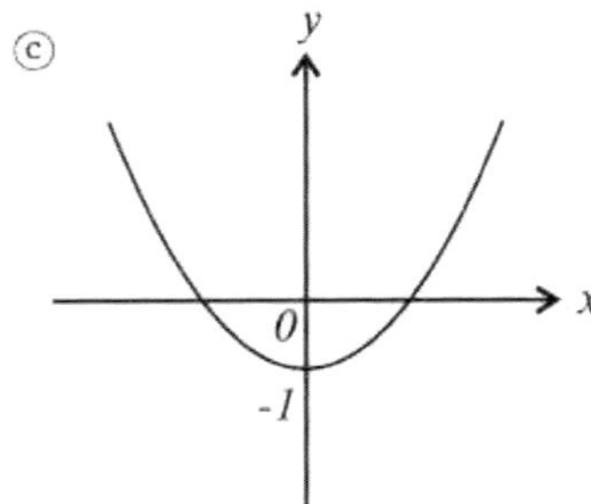   (c)

(d) 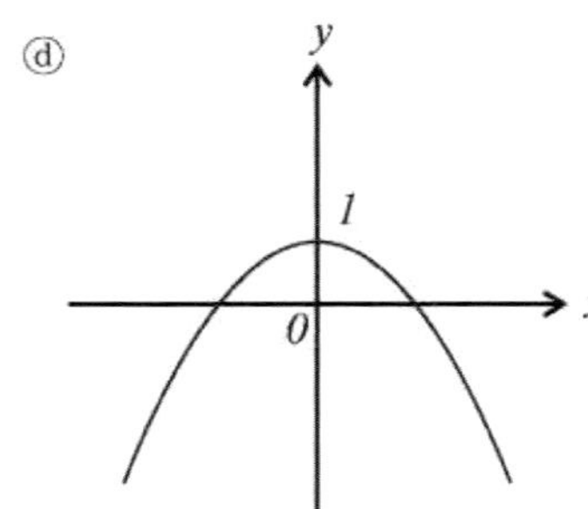   (e) 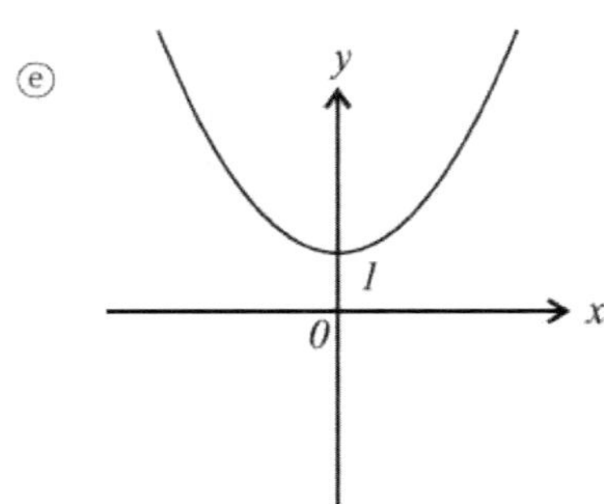

58. Which of the following is different from the others?

(a) $\log_5 \dfrac{1}{5}$ (b) $\log_{\frac{1}{5}} 5$ (c) $\log_2 \dfrac{1}{2}$ (d) $\log_{\frac{1}{3}} \dfrac{1}{3}$ (e) $\log_9 9^{-1}$

59. Which of the following could be the condition that $\log_{(x-1)}(x-2)$ is defined?

(a) $0 < x < 2$ (b) $-1 < x < 0$ (c) $-1 < x < 2$
(d) $x < 2$ (e) $x > 2$

60. When construction companies are building a sky-scraper, the area of the sky-scraper is tripled every year. If the area was 1 square at first, how long will it take to become 2,000,000 square?

ⓐ 8.02 years   ⓑ 10.35 years   ⓒ 11.11 years
ⓓ 12.05 years   ⓔ 13.21 years

61. If $5^{x+1} = k$, then x is

ⓐ $\log_5 k - 1$ ⓑ $1 - \dfrac{\log 5}{\log k}$ ⓒ $\dfrac{1}{\log 5} - \log k$ ⓓ $1 - \log_5 k$ ⓔ $\log_k 5$

62. When 95 is divided by a prime number 'n', its remainder is 7. When 20 was divided by n, what is the remainder?

ⓐ 1   ⓑ 3   ⓒ 5   ⓓ 7   ⓔ 9

63. The three points of triangle $\triangle PQR$ are $(-2, 0)$, $(2, 0)$, and $(2\cos\theta, 2\sin\theta)$. How many $\triangle PQR$ are there where the area of the xy-coordinate is 4?

ⓐ 1

ⓑ 2

ⓒ 3

ⓓ 4

ⓔ Infinite

5. LIMIT, SERIES, ASYMPTOTE

64. What value does $f(x) = \dfrac{2x+15}{x}$ approach as x gets infinitely large?

   (a) $-\dfrac{1}{2}$ (b) $\dfrac{1}{2}$ (c) -2 (d) 2 (e) $-\dfrac{15}{2}$

65. In a region, the rabbit population, P, is given by $P = \dfrac{20(3+4.5t)}{1+0.02t}$, where t is the number of years. What value does P approach as t gets infinitely large?

   (a) 150 (b) 225 (c) $1,200$ (d) $3,000$ (e) $4,500$

66. When the value of x gets close to 3 infinitely, what happens to the value of $\dfrac{1}{x-3}$?

   (a) It gets to 0.   (b) It gets to $\dfrac{1}{2}$.   (c) None of these.

   (d) It gets to 3.   (e) There will be no boundaries.

67. Determine $\displaystyle\lim_{x \to 0}(1+x)^{2x}$

   (a) 1 (b) 2 (c) 3 (d) 4 (e) 5

68. $-2+\dfrac{1}{2}+\dfrac{1}{4}+\dfrac{1}{8}+\cdots$ is

   (a) -2 (b) -1 (c) 0 (d) 1 (e) 2

69. What is(are) the vertical asymptote(s) of $f(x) = \dfrac{x+1}{x^2-x-6}$?

   (a) 1 (b) 3 (c) 5 (d) 7 (e) 9

70. What is the horizontal asymptote of $f(x) = \dfrac{15x^2+2x-3}{3x^2+5x-1}$?

   (a) $y=\dfrac{1}{5}$ (b) $y=5$ (c) $y=-5$ (d) $y=-\dfrac{1}{5}$ (e) $y=0$

71. When the vertical asymptote does not exist in the expression $\dfrac{4x+k}{x+2}$, find the value of k.

   (a) 0 (b) 2 (c) 4 (d) 8 (e) 16

72. $f(x) = \dfrac{x^2-2x-3}{x-3}$. Which of the following is true?

   (a) $f(x)$ is continuous of all real numbers.

   (b) $f(x)$ is discontinuous at $x=0$.

   (c) $f(x)$ is discontinuous at $x=3$.

   (d) $f(x)$ is discontinuous at $x=-1$.

   (e) $f(x)$ is discontinuous at $x=-1, 3$.

6. FUNCTION

73. Domain of the function f is $\{1, 2\}$. Which one cannot be the range of f?

(a) $\{1\}$ (b) $\{3\}$ (c) $\{1, 2\}$ (d) $\{1, 4\}$ (e) $\{1, 2, 3\}$

74. If $f(x) = e^{2x} + 2$, then $f^{-1}(e)$?

(a) 0.165   (b) -0.165   (c) -0.235   (d) 0.561   (e) -0.561

75. Which of the following satisfies "$f = f^{-1}$"?

(a) $y = x^2$ (b) $y = -x$ (c) $y = \log x$ (d) $y = e^x$ (e) $y = x - 1$

76. Which of the following satisfies "$f = f^{-1}$"?

I. $f(x) = \dfrac{1}{x}$ II. $f(x) = \dfrac{1}{x-1} + 1$ III. $f(x) = \sqrt{x}$

(a) I   (b) II   (c) I, II   (d) I, III   (e) I, II, III

77. Which of the following has an inverse function?

(a) $y = |x|$ (b) $y = |x|^3$ (c) $y = [x]$ (d) $y = (\dfrac{1}{2})^x$ (e) $y = \sin x$

78. If $f(g(x)) = 2x - 1$ and $g(x) = 4x$, then $f(x) =$

(a) $\dfrac{1}{2}x - 1$ (b) $\dfrac{1}{2}x + 1$ (c) $\dfrac{1}{2}x - \dfrac{1}{4}$

(d) $2x - 1$ (e) $2x + 1$

79. In a bakery, quantity of doughnuts sold and quantity of candies sold respectively d and c can be expressed by following equation : $d = -23c + 320$. Which one is the correct explanation?

(a) Increase of quantity of doughnuts sold is independent to the quantity of candies sold.

(b) Every time a candy is sold, quantity of doughnuts sold decrease by 23.

(c) Decrease of quantity of candies sold is independent to the quantity of doughnuts sold.

(d) Quantity of doughnuts sold is always 320 despite of how many candies are sold.

(e) If more doughnuts are sold, more candies are sold.

80. Parabola $y = 3x^2 + 2x + 10$ has no real solution because

  ⓐ its y-intercept is a positive number.

  ⓑ its vertex is above the x-axis and the graph is concave upward.

  ⓒ the graph is concave downward.

  ⓓ its vertex is above the x-axis.

  ⓔ its maximum value is a positive number.

81. If $-1 \le x \le 1$, then what is the minimum value of $f(x) = x^5 - 2x + 7$?

  ⓐ 5.7　　　ⓑ 4.1　　　ⓒ 3.0　　　ⓓ 2.7　　　ⓔ 2.3

82. Which of the following satisfies "$f(x) \ge 0$"?

  I. $x^4 - 2x^2 + 1$　　　II. $e^x + 1$　　　III. $\tan^2 x - 1$

  ⓐ I　　　ⓑ II　　　ⓒ III　　　ⓓ I, II　　　ⓔ I, II, III

83. The polynomial function $y = f(x)$ passes through 3 points of $(-1, -1)$, $(0, 1)$, $(1, 3)$. How many roots can be in the interval $[-1, 1]$?

  ⓐ Exactly one　　　ⓑ Exactly two　　　ⓒ At least one
  ⓓ More than two　　　ⓔ At least two

84. If the graph below represents $y = f(x)$, then which of the following is $g(x) = k - f(x)$? (k : positive integer)

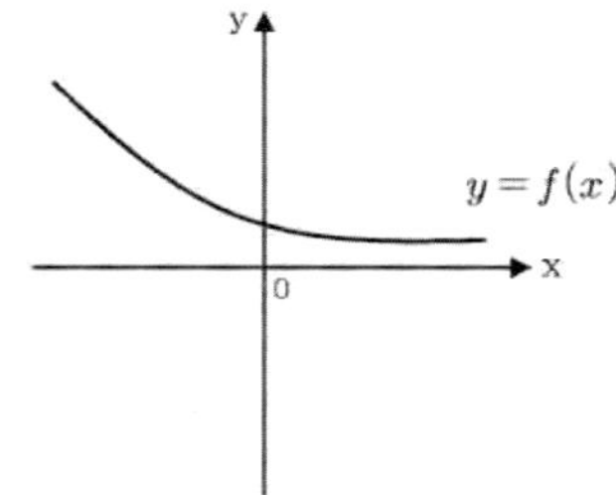

ⓐ 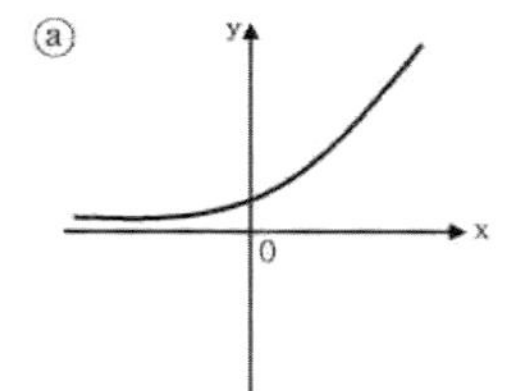 ⓑ 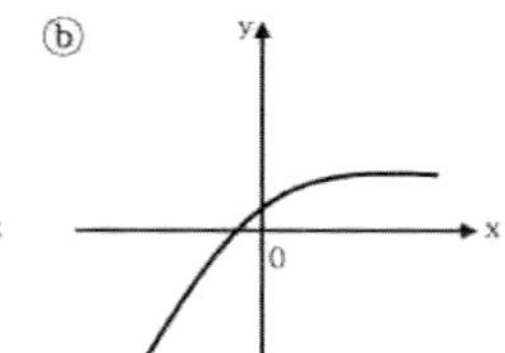 ⓒ 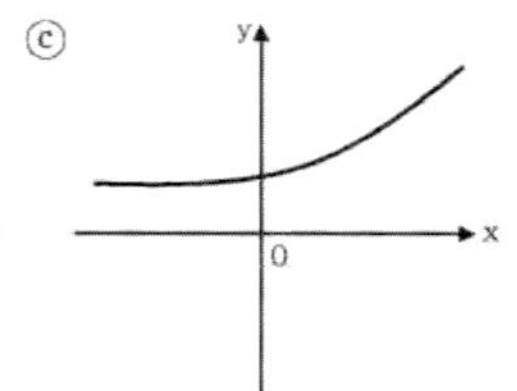 ⓓ 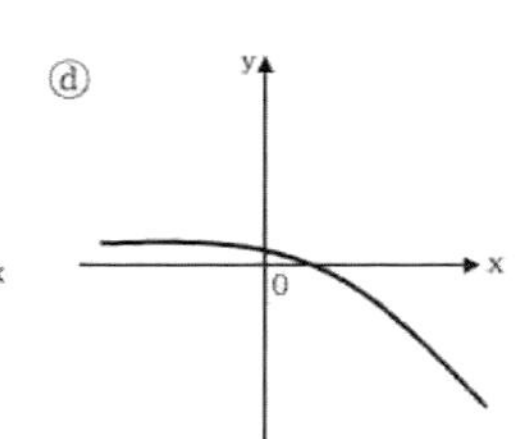 ⓔ 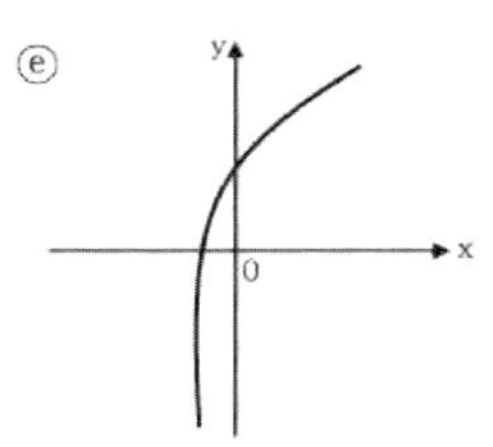

85. If the graph below represents $y = f(x)$. then which of the following is $g(x) = \dfrac{1}{f(x)}$?

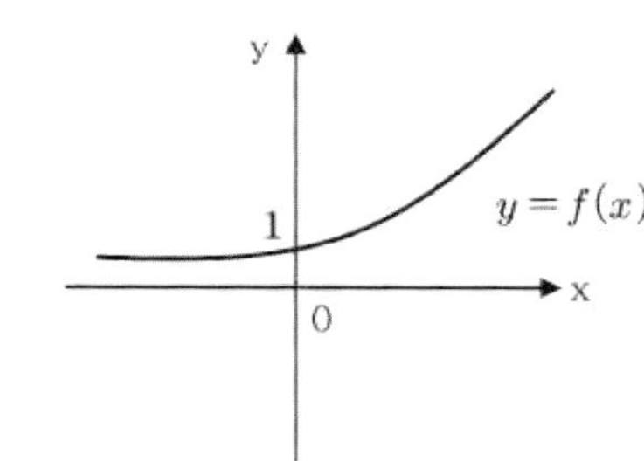

ⓐ 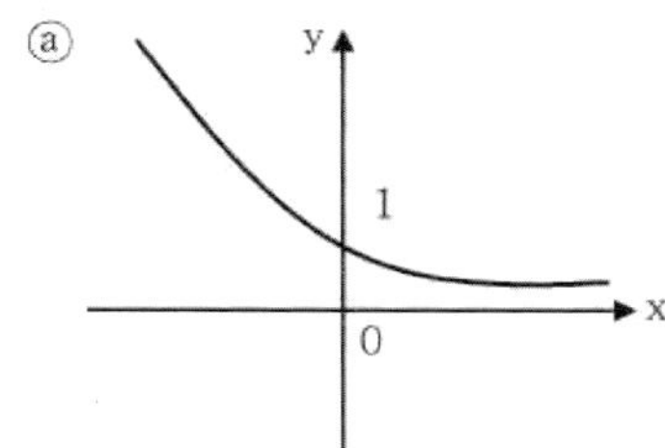 ⓑ 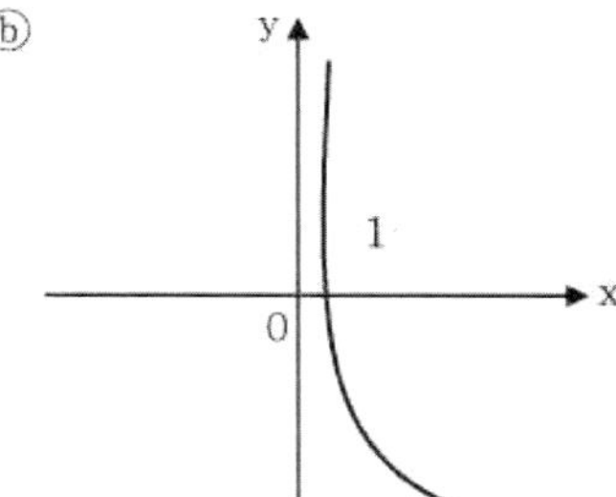 ⓒ 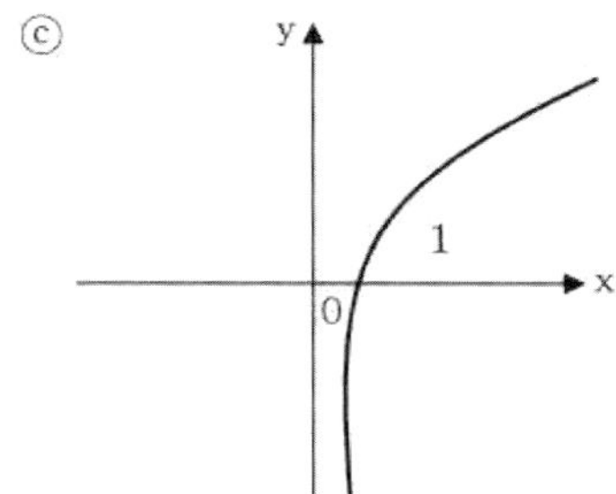

ⓓ 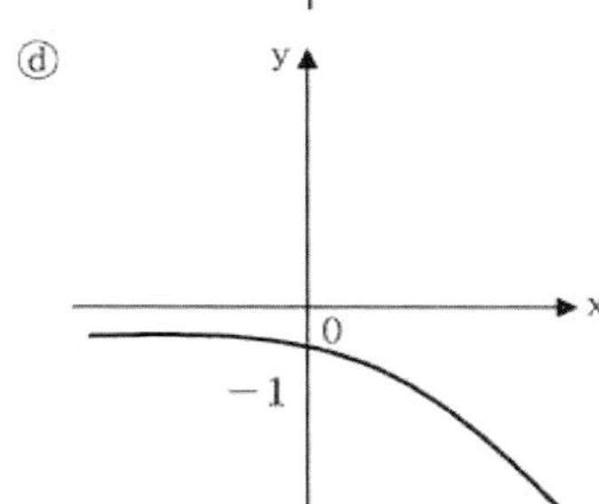 ⓔ 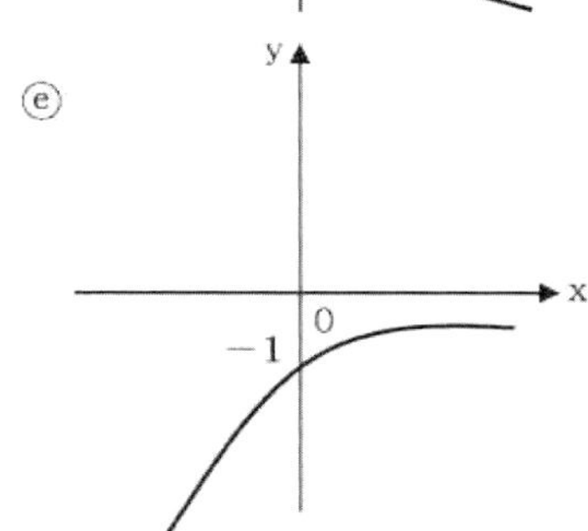

86. $y = f(x)$ is shown below. Which one is the graph of $y = |f(x)|$?

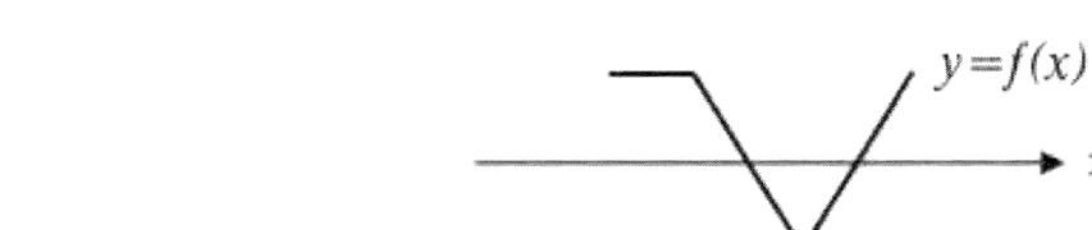

ⓐ 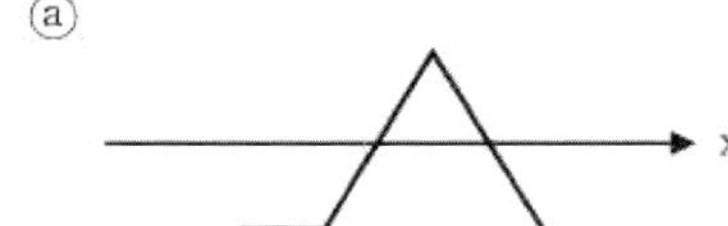 ⓑ  ⓒ 

ⓓ 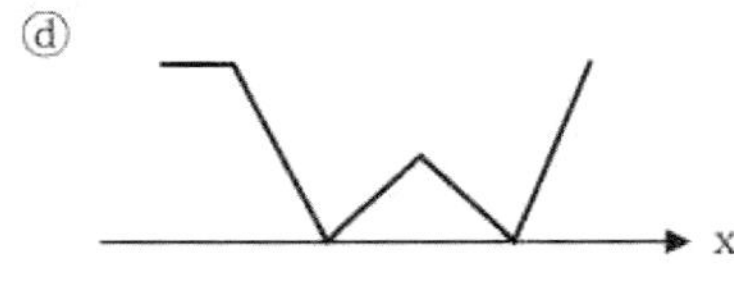 ⓔ 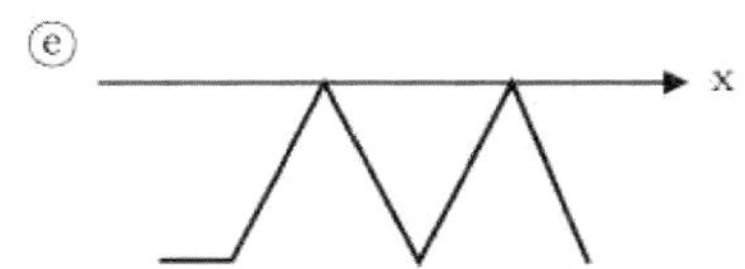

87. If $f(x) = \begin{cases} \dfrac{|x|}{x} & (x \neq 0) \\ 1 & (x = 0) \end{cases}$, what is the value of $f(1.5) - f(-1.5)$?

    ⓐ -2   ⓑ 0   ⓒ 2   ⓓ 3   ⓔ 9

88. If s and t are two roots of $x^2 - 7x + 2 = 0$, the quadratic equation whose roots are $s+1$ and $t+1$ is

    ⓐ $x^2 + 9x + 10 = 0$ ⓑ $x^2 - 10x + 9 = 0$ ⓒ $x^2 + 9x - 10 = 0$
    ⓓ $x^2 + 10x + 9 = 0$ ⓔ $x^2 - 9x + 10 = 0$

89. For two lines ℓ_1 and ℓ_2 , $\ell_1 : y = \sqrt{3}x + 2$ and $\ell_2 : y = -x + 2$. If the acute angle between two lines ℓ_1 and ℓ_2 is θ, what is θ?

    ⓐ $15\,°$

    ⓑ $30\,°$

    ⓒ $60\,°$

    ⓓ $75\,°$

    ⓔ $80\,°$

90. Which of the following is true of $f(x) = ax^3 + bx^2$? $(a \neq 0,\ b \neq 0)$
    I. Crosses the x-axis at least once.
    II. Has 3 real roots.
    III. The domains are all real x.

    ⓐ I only

    ⓑ II only

    ⓒ I and II

    ⓓ I and III

    ⓔ I, II, and III

7. COUNTING, PROBABILITY, PROPOSITION, MATRIX, IMAGINARY NUMBER AND COMPLEX NUMBER, CONICS

91. In a class, among 10 students, 4 students are chosen. How many possible ways are there when specially choosing 2 students among those chosen 4 students?

   ⓐ 210   ⓑ 420   ⓒ 840   ⓓ 960   ⓔ 1,260

92. How many different ways can be used to register at a internet website, using x, y, z and digit 1, 2, 3, 4, 5 can be used?

   ⓐ $8^8 - 1$ ⓑ $\dfrac{8}{7}(8^8 - 1)$ ⓒ $7^8 - 1$ ⓓ $\dfrac{8}{7}(7^8 - 1)$ ⓔ $4(8^8 - 1)$

93. There are two cubes, one has 1, 1, 1, 1, 2, 2 on it, and the other has 1, 1, 1, 2, 2, 2 on it. What is the probability that either 1 or 2 will face up?

   ⓐ 1   ⓑ $\dfrac{2}{3}$ ⓒ $\dfrac{1}{6}$ ⓓ $\dfrac{1}{2}$ ⓔ $\dfrac{1}{3}$

94. The probability of Pam getting the right answer is 0.3, and that of Andy getting the right answer is 0.7. What is the probability that at least one person will get the right answer?

   ⓐ 0.21   ⓑ 0.32   ⓒ 0.58   ⓓ 0.70   ⓔ 0.79

95. It was reported that 50% of the students of a certain high school lived within 5 miles of its school and 30% of those lived in an Apartment. If a student of this school is selected at random, what is the probability that he lives in an Apartment within 5 miles of the school?

   ⓐ 0.15   ⓑ 0.2   ⓒ 0.25   ⓓ 0.3   ⓔ 0.35

96. We randomly choose a number from 1 to 8 twice. We replace the selected number for the next selection. Find the probability that the sum of these two selected numbers is less than 5.

   ⓐ $\dfrac{5}{16}$ ⓑ $\dfrac{5}{32}$ ⓒ $\dfrac{5}{64}$ ⓓ $\dfrac{3}{32}$ ⓔ $\dfrac{3}{16}$

97. The probability that Paul hits a target is $\dfrac{2}{5}$ and, independently, the probability that Mark does is $\dfrac{3}{7}$. What is the probability that Paul hits the target and Mark does not?

   (a) $\dfrac{2}{5}$ (b) $\dfrac{6}{35}$ (c) $\dfrac{5}{7}$ (d) $\dfrac{8}{35}$ (e) $\dfrac{1}{2}$

98. If matrix A has dimensions $m \times n$ and matrix B has dimensions $n \times p$, where m, n and p are distinct positive integers, which of the following statements must be true?

I. The product BA does not exist.

II. The product AB exists and has dimensions $m \times p$.

III. The product AB exists and has dimensions $n \times n$

   (a) I only   (b) II only   (c) III only   (d) I and II   (e) I and III

99. Which of the following is true?

I. *If $x \neq 5$, then $x^2 \neq 25$.*

II. *If $x^2 \neq 25$, then $x \neq 5$.*

III. *If $x^2 = 25$, then $x = 5$.*

   (a) I only   (b) II only   (c) I and II only   (d) II and III only   (e) None of these

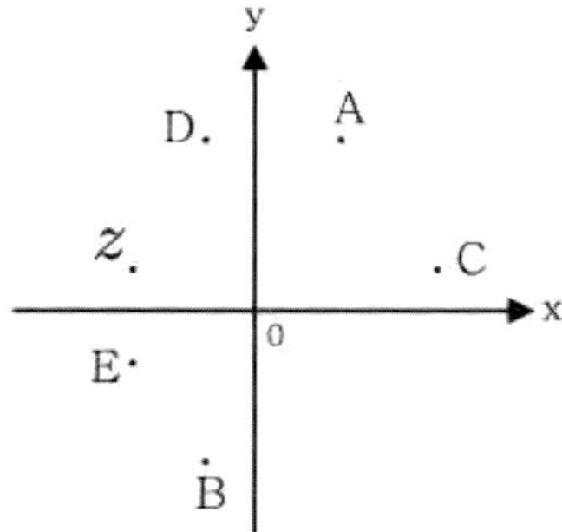

100. On the complex plane above, which point represents $-iz + 1$?

   (a) A   (b) B   (c) C   (d) D   (e) E

101. What is the center point of the conics $4x^2 - y^2 - 4y - 5 = 0$?

   (a) $(2, 0)$ (b) $(0, -2)$ (c) $(0, 0)$ (d) $(-2, 0)$ (e) $(2, -2)$

102. In the xy-plane, point P is on $x^2 + y^2 = 4$ and Q is on $\dfrac{x^2}{9} + \dfrac{y^2}{25}$. What is the maximum length of $\overline{PQ}$?

   (a) 3   (b) 4   (c) 6   (d) 7   (e) 10

8. INTEGER, Z-SCORE, BOXPLOT

103. The arithmetic mean of three distinct positive integers is 38 and the largest number of those three is 43. Of the remaining positive integers, which of the following could be the LEAST number?

ⓐ 1 ⓑ 3 ⓒ 30 ⓓ 40 ⓔ 71

104. 'n' number of judges can give integer points between 1 and 10 (1 and 10 inclusive). If student A and B each received an average point of 5 and 4.2, which of the following could be the minimum number of judges? (n is an integer)

ⓐ 4 ⓑ 5 ⓒ 8 ⓓ 10 ⓔ 15

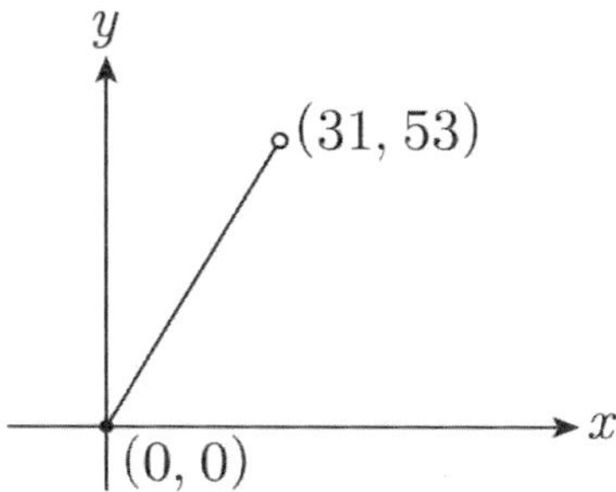

105. How many lattice points are there on the segment that links point $(31, 53)$ and the origin? (The point $(31, 53)$ not inclusive)

ⓐ 0 ⓑ 1 ⓒ 2 ⓓ 31 ⓔ Infinite

106. $t^{1001} + 3t^{1000}$ is a perfect square integer. Which of the following could be the value of t?

ⓐ 9 ⓑ 15 ⓒ 23 ⓓ 33 ⓔ 49

107. A four-digit integer, $ABCD$ in which A, B, C, and D each represent a different digit, is formed according to the following rules

I. $A = B - D$

II. $B = C + 7$

III. $D = B - 5$

What is the difference the greatest $ABCD$ and the least $ABCD$?

ⓐ 0 ⓑ 24 ⓒ 111 ⓓ 222 ⓔ 311

Test	Class Mean	Andy's Score	Class Standard Deviation
A	90	92	4
B	78	86	2
C	80	84	4

108. In the table above, the test scores on each test are normally distributed. Which of the following ranks Andy's scores from best to worst in relation to the other students in the class?

  (a) ABC   (b) BCA   (c) BAC   (d) CAB   (e) CBA

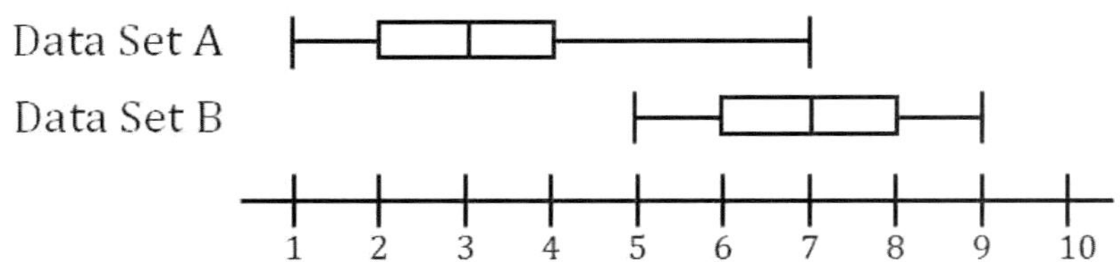

109. The boxplots for data set A and data set B are shown above. Which of the following statements must be true about A and B?

Ⅰ. The mode of A is greater than the mode of B.

Ⅱ. At least 50 percent of the values in A are less than 50 percent of the values in B.

Ⅲ. The interquartile range of A is greater than the interquartile range of B.

  (a) Ⅰ only   (b) Ⅱ only   (c) Ⅲ only   (d) Ⅰ and Ⅱ   (e) Ⅱ and Ⅲ

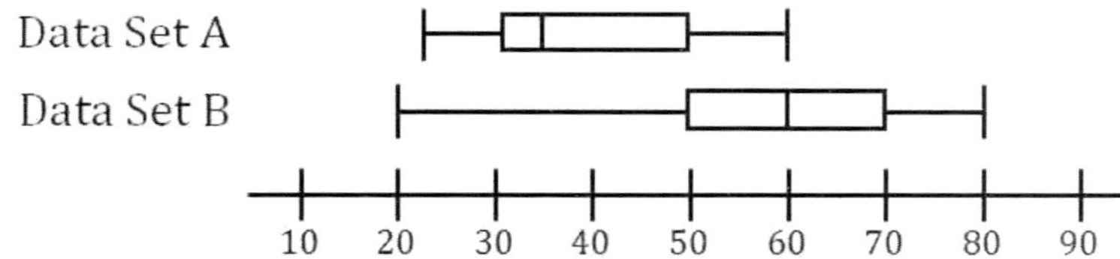

110. The boxplots for data set A and data set B are shown above. Which of the following statements must be true?

Ⅰ. The standard deviation of A is less than the standard deviation of B.

Ⅱ. The median of A is less than the median of B.

Ⅲ. The mean of A is greater than the median of B.

  (a) Ⅰ only   (b) Ⅱ only   (c) Ⅲ only   (d) Ⅰ and Ⅱ   (e) Ⅱ and Ⅲ

심선생 MATH SERIES

SAT SUBJECT TEST

MATH LEVEL 2

필수 Concept 완성과 Concept 완성을 위한 핵심 110제

해설 및 정답

1. TRIGONOMETRIC FUNCTION
POLAR COORDINATE

1. ⓓ

$$\tan 35° = \frac{0.7}{\overline{BD}} \text{ 에서 } \overline{BD} \approx 1 \qquad \tan 42° = \frac{0.7}{\overline{CD}} \text{ 에서 } \overline{CD} \approx 0.78 \qquad \therefore \overline{BC} = \overline{BD} - \overline{CD} \approx 0.22$$

2. ⓑ

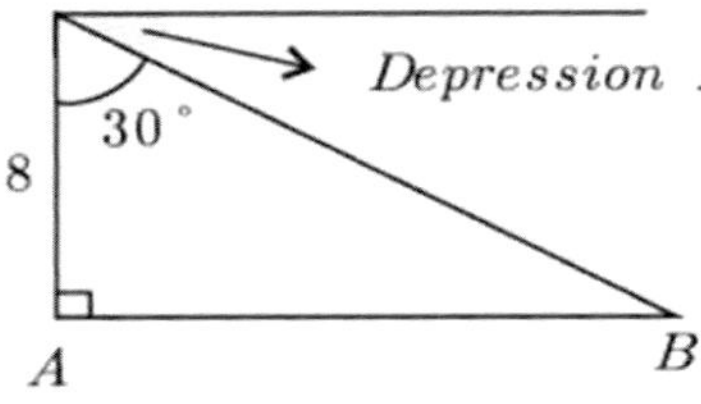

$$\Rightarrow \tan 60° = \frac{\overline{AB}}{8} \text{ 에서 } \overline{AB} = 4.62$$

3. ⓔ

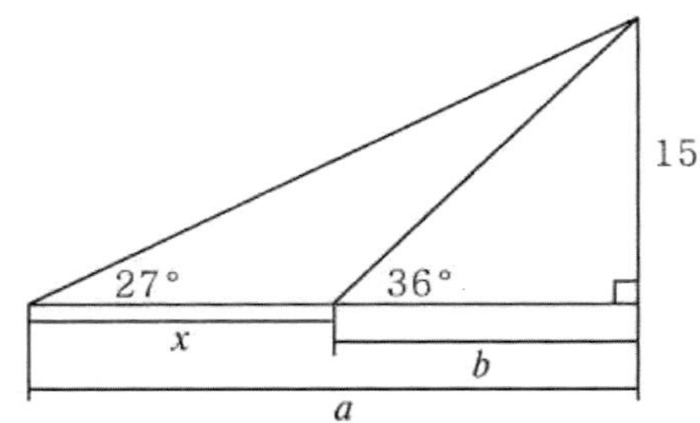

$$\tan 27° = \frac{150}{a}, \ \tan 36° = \frac{150}{b} \text{ 에서}$$

$$x \approx 88ft$$

4. ⓐ

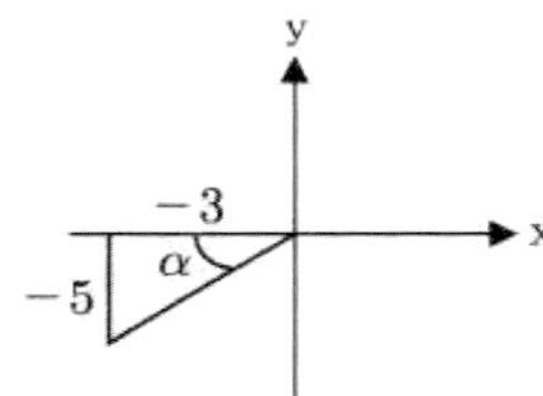

$$\tan \alpha = \frac{-5}{-3} = \frac{5}{3}$$

$$\tan^{-1}\frac{5}{3} = \alpha \text{ 에서 } \alpha = 59.04° \text{ 이므로 } \theta = 180° + \alpha \text{ 에서}$$

$$\theta = 239.04°$$

5. ⓑ

$$\sin^2\theta + \cos^2\theta = 1 \text{에서 } \cos^2 x = 1 - t^2 \text{ 즉, } \cos x = \sqrt{1-t^2} \text{ 입니다.}$$

$$(0 < x < \frac{\pi}{2} \text{ 이므로 } \cos x \text{는 양수여야 합니다.}) \text{ 그러므로, } \tan x = \frac{\sin x}{\cos x} = \frac{t}{\sqrt{1-t^2}}$$

6. ⓓ

$$\sin^2\frac{2}{\pi} + \cos^2\frac{2}{\pi} = 1, \ \sin^2\frac{\pi}{a} + \cos^2\frac{\pi}{a} = 1, \ \sec^2\frac{\pi}{b} - \tan^2\frac{\pi}{b} = 1 \text{ 이므로}$$

$$(\sin^2\frac{2}{\pi} + \sin^2\frac{\pi}{a} + \sec^2\frac{\pi}{b}) + (\cos^2\frac{2}{\pi} + \cos^2\frac{\pi}{a} - \tan^2\frac{\pi}{b}) = 3 \text{ 이므로}$$

$$\cos^2\frac{2}{\pi} + \cos^2\frac{\pi}{a} - \tan^2\frac{\pi}{b} = 1.29$$

Shim's Math Series

7. ⓒ

$f(\sin x) = \cos^2 x$. 즉, $f(x) = 1 - x^2$ 이어야 $1 - \sin^2 x = \cos^2 x$ 가 됩니다.

8. ⓐ

주어진 조건은 $\sin\theta$ 인데 묻는 것은 $\sin 2\theta$ 입니다. 즉, 2θ를 θ로 고쳐야 하므로 $\sin 2\theta = 2\sin\theta\cos\theta$ 를 이용합니다.

$\sin\theta = x^2$ 이므로 $\sin^2\theta + \cos^2\theta = 1$에 의해 $\cos^2\theta = 1 - x^4$ 즉, $\cos\theta = \sqrt{1 - x^4}$ 입니다.

($0 < \theta < \dfrac{\pi}{2}$ 이므로 $\cos\theta$는 양수입니다.) 그러므로 $\sin 2\theta = 2 \times x^2 \times \sqrt{1 - x^4} = 2x^2\sqrt{1 - x^4}$ 입니다.

이와 같은 문제의 경우에는 앞의 공식을 모르고서는 해결할 수 없는 문제입니다.

9. ⓓ

얼핏 보면 power-reduce 공식 같지만 이와 같은 경우에는 간단하게 계산기로 해결이 됩니다.

$\sin^{-1}(0.9) = x$ 에서 $x = 64.158....$ 이므로 $\cos\left(\dfrac{x}{2}\right) = 0.847$

10. ⓒ

$\sin x$ 혹은 $\cos x$ 중 한 가지의 형태로 정리해야 합니다.

$\sin 2x = 2\sin x \cos x$ 이므로 $2\sin 2x \cos 2x = \sin 4x$ 에서 최댓값은 1.

☞ 계산기로 $2\sin 2x \cos 2x$ 의 그래프를 그려서 최댓값을 찾으셔도 됩니다.

11. ⓓ

$\tan 2x$의 period는 $\dfrac{\pi}{2}$.

$\tan x$는 절댓값을 씌워도 Period에 변화 없으므로 정답은 $\dfrac{\pi}{2}$.

12. ⓔ

$y = -4\cos 2x$ 의 Minimum Value는 -4이므로 C 의 좌표는 $(0, -4)$.

Period는 2π 이므로 $A\left(\dfrac{\pi}{4}, 0\right)$ 이고 $B(\pi, 0)$. 그러므로 $\triangle ABC = \dfrac{1}{2} \cdot \pi \cdot 4 = 2\pi$

13. ⓒ

$y = a\cos(bx \pm c) \pm d$ 에서

Maximum Value는 $|a| \pm d$, Minimum Value는 $-|a| \pm d$ 이므로

Maximum amount = $|-3.3| + 9.1 = 12.4$

Minimum amount = $-|-3.3| + 8.5 = 5.2$ 이므로 $12.4 - 5.2 = 7.2$

Math Level 2 이론편

14. ⓔ

$y = 4\cos bx$ 에서 Maximum Vaue는 4이므로 A의 좌표는 $(0, 4)$이고 B점은 $y = 4\cos bx$

주기(Period, Frequency)의 $\frac{1}{4}$ 이므로 $\frac{2\pi}{b} \times \frac{1}{4} = \frac{\pi}{2b}$. $\triangle OAB = \frac{1}{2} \times \frac{\pi}{2b} \times 4 = \frac{\pi}{12}$ 에서 $b = 12$.

15. ⓒ

$y = a\cos b(x + c) + d$ 에서 x축과 y축으로 이동하였으므로 변한 것은 c와 d

16. ⓓ

가장 긴 변 19에 대응하는 각 A가 최대 각입니다. SSS 이므로 Cosine 법칙을 이용합시다.

$19^2 = 13^2 + 10^2 - 2 \cdot 13 \cdot 10 \cdot \cos A$ 에서 $\cos A = -0.354$ 이므로 $\angle A = 110.72^\circ$

17. ⓒ

AAS 이므로 Sine 법칙을 이용합시다. $\angle C = 180^\circ - (102^\circ + 23^\circ) = 55^\circ$ 이므로

$\dfrac{\overline{AB}}{\sin C} = \dfrac{\overline{AC}}{\sin B}$ 에서 $\dfrac{\overline{AB}}{\sin 55^\circ} = \dfrac{17}{\sin 23^\circ}$ 이고 $\overline{AB} = 35.64$ 가 됩니다.

18. ⓑ

$S = \dfrac{1}{2} \cdot 4 \cdot 6 \cdot \sin 30^\circ = 6$

19. ⓐ

계산기에 $Y_1 = \sin\left(\dfrac{5\pi}{12} - x\right)$, $Y_2 = \dfrac{\sqrt{2}}{2}$ 라고 입력하여 교점의 x좌표를 찾습니다.

WINDOW를 $0 < x < 90^\circ = 0 < x < \dfrac{\pi}{2}$ $(\pi = 3.14)$ 이므로 즉, WINDOW에서 $x_{\min} = 0$, $x_{\max} = 1.57$ 이

라고 입력하여 교점의 x좌표를 찾으면 $x \approx 0.523$ 즉, $x = \dfrac{180^\circ}{3.14} \times 0.523 \approx 29.98 \approx 30^\circ = \dfrac{\pi}{6}$ 가 답이

됩니다. (암기!! $x = \alpha$ 나오면 $x = \dfrac{180^\circ}{3.14} \times \alpha = \theta$)

20. ⓑ

$\cos 5x$ 라고...? 이런 건 우리 배운 적도 없습니다.

당황하지 말고 계산기를 사용하여 $(2 - \sin x)(3 + \cos 5x)$ 를 입력, 그래프 모양을 찾도록 합시다.

이 때 계산기의 MODE에서 Radian을 선택한 후 입력해야 합니다.

결과는 최댓값이 11.81임을 알게 될 것입니다.

21. ⓑ

$\sin x = \cos(g(x))$ 에서 $g(x) = \dfrac{\pi}{2} - x$

22. ⓑ

$\theta = 30^\circ$ 라고 가정해 보면 $\cos 30^\circ + \cos 210^\circ + \sin(-30^\circ) + \cos 300^\circ = 0$

다른 방법으로는 ...

$\cos(\pi + \theta) = -\cos\theta$, $\sin(-\theta) = -\sin\theta$, $\cos\left(\dfrac{3\pi}{2} + \theta\right) = \sin\theta$ 이므로

$\cos\theta + \cos(\pi + \theta) + \sin(-\theta) + \cos\left(\dfrac{3\pi}{2} + \theta\right) = 0$

23. ⓓ

$2.7 \times \pi \times rad = 180° \times 2.7$ 에서 $2.7 rad \approx 154.7°$

24. ⓑ

$\alpha = 60°$, $120°$ 이고 $\beta = 135°$, $225°$ 이므로 $\alpha + \beta = 195°$, $255°$, $285°$, $345°$

25. ⓓ

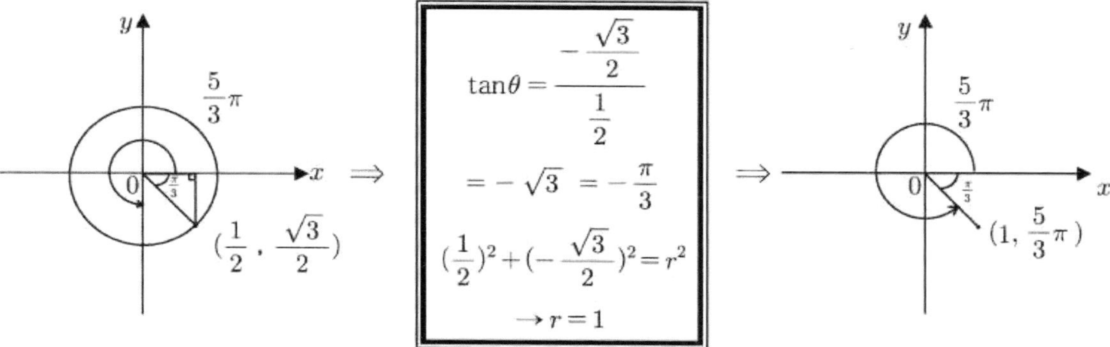

26. ⓐ

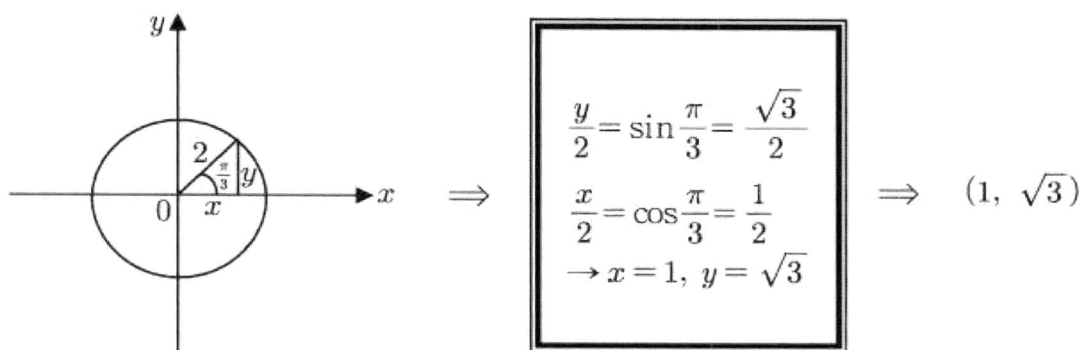

27. ⓒ

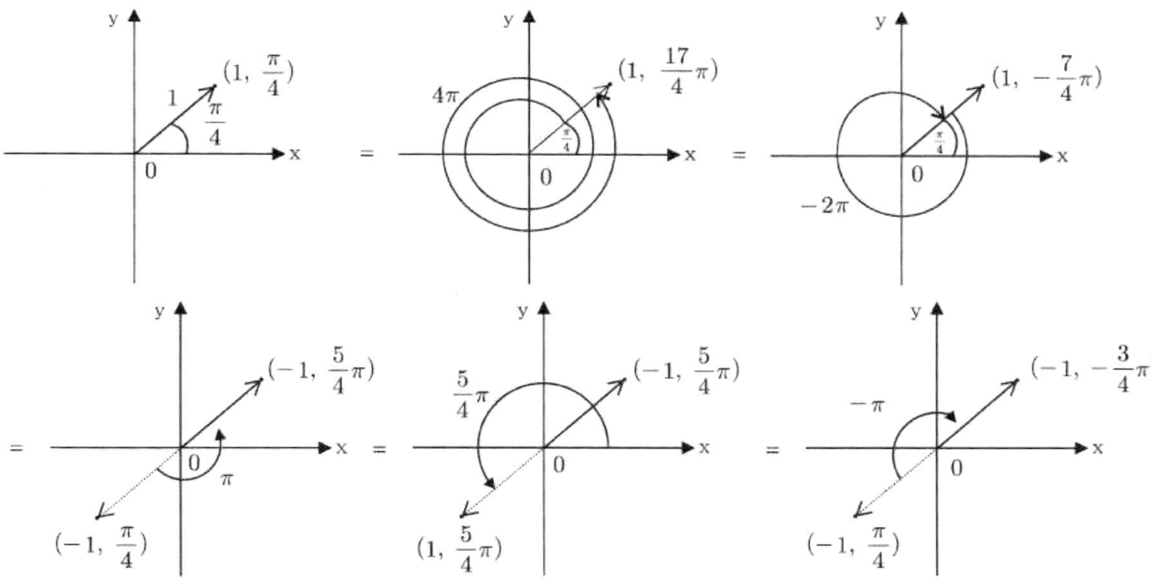

2. SEQUENCE

28. ⓒ

$$\begin{cases} a_{10} = a + 9d = 50 & \cdots \ \textcircled{1} \\ a_{28} = a + 27d = 140 & \cdots \ \textcircled{2} \end{cases}$$ 에서 ①과 ②를 연립하면 $a = 5$ 이므로 정답은 ⓒ

29. ⓑ

$$\underbrace{-3,}_{d} \ \underbrace{a,}_{d} \ 9 \ \cdots$$ 는 arithmetic sequence이므로 차이가 같습니다.

즉, $9 - a = a - (-3)$ 에서 $a = 3$ 이므로 정답은 ⓑ

30. ⓑ

$$\begin{cases} a_7 = ar^6 = 10 & \cdots \ \textcircled{1} \\ a_4 = ar^3 = 5 & \cdots \ \textcircled{2} \end{cases}$$ 에서 ①에 ②를 대입하면 $r^3(ar^3) = 10$에서

$r^3 = 2$ 이므로 $r = 2^{\frac{1}{3}} = 1.26$ 이므로 정답은 ⓑ

31. ⓒ

Difference가 $\dfrac{3}{2}$ 인 것을 알 수 있기 때문에 $S_n = \dfrac{n\{2a + (n-1)d\}}{2}$ 에 대입하면,

$$S_{10} = \frac{10\left\{2 \cdot \frac{7}{2} + 9 \cdot \frac{3}{2}\right\}}{2} = 102.5$$ 이므로 정답은 ⓒ

32. ⓒ

Arithmetic mean $= \dfrac{1 + 2 + 3 + \cdots + 226}{226} = \dfrac{1}{226} \times \dfrac{226 \times (1 + 226)}{2} = 113.5$

33. ⓔ

n 대신 2, 3, 4 ....를 대입하면

$b_2 = b_1 + 3 = 5, \ b_3 = b_2 + 3 = 8, \ b_4 = b_3 + 8 = 11...$ 이므로 이를 나열해보면 2, 5, 8, 11...이므로

Arithmetic Sequence. $b_n = 2 + (n-1) \cdot 3 = 3n - 1$

34. ⓑ

$a_1 = 1$

$a_2 = a_1 + 4 = 5$

$a_3 = a_2 + 8 = 13$

$a_4 = a_3 + 12 = 25$ ....

35. ⓒ

Difference Sequence이므로 $\underbrace{1,}_{4} \ \underbrace{5,}_{8} \ \underbrace{13,}_{12} \ 25...$

36. ⓔ

$a_n = i \cdot a_{n-1}$ 에 n대신 6, 7, 8, 9...를 대입하고 규칙을 찾아보면...

$a_6 = 2 + i, \ a_7 = -1 + 2i, \ a_8 = -2 - i, \ a_9 = 1 - 2i$ 이므로

즉, $a_5 = a_9 = a_{13} = a_{17...} = a_{2009}$ 에서 $a_{2009} = 1 - 2i$.

3. VECTOR, STANDARD DEVIATION, MEAN/MODE/MEDIAN

37. ⓓ

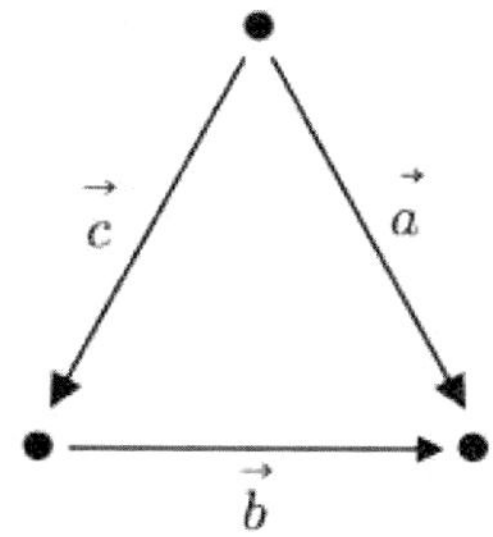

그림에서 $\vec{c} = \vec{a} + (-\vec{b})$ 이므로 $\vec{c} = \vec{a} - \vec{b}$

38. ⓔ

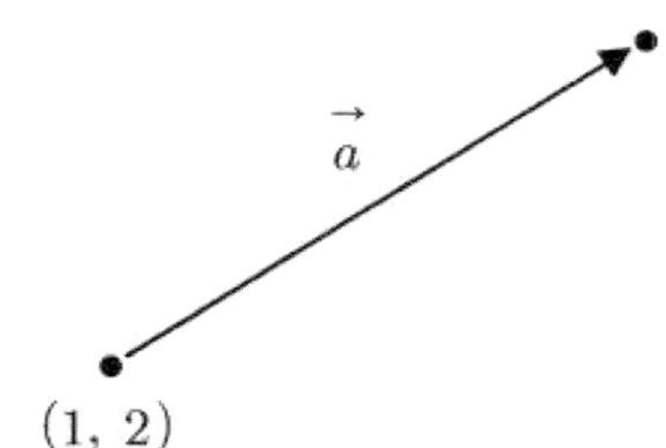

$$\text{magnitude} = \sqrt{(6-1)^2 + (-10-2)^2}$$
$$= \sqrt{25 + 144}$$
$$= \sqrt{169} = 13$$

39. ⓒ

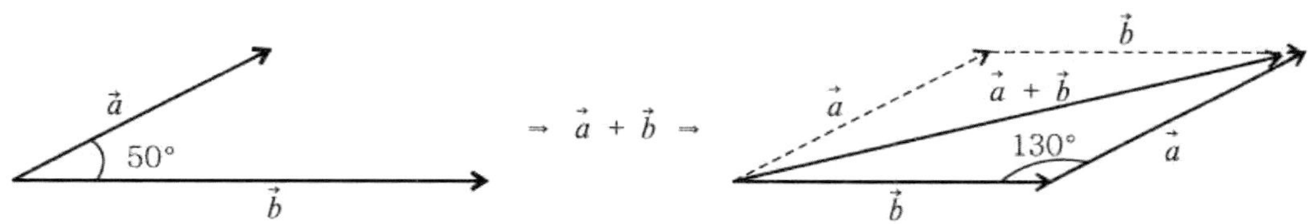

$\rightarrow |\vec{a}+\vec{b}| = |\vec{a}|^2 + |\vec{b}|^2 - 2 \cdot |\vec{a}| \cdot |\vec{b}| \cdot \cos 130°$ 에서

$|\vec{a}+\vec{b}|^2 = 5^2 + 8^2 - 2 \cdot 5 \cdot 8 \cdot \cos 130°$

$\rightarrow |\vec{a}+\vec{b}| \approx 4.55$

(※ 많은 학생들이 $\vec{a} + \vec{b} = 5$ 로 답을 썼던 문제였습니다.)

40. ⓐ

① Mean $= \dfrac{125 + 125 + 126 + 127 + 132}{5} = 127$

② Median $= 126$

③ Mode $= 125$ .... $\rightarrow$ Mode < Median < Mean

41. ⓒ

$$\text{Mean} = \frac{(35.5\times5)+(45.5\times11)+(55.5\times5)+(65.5\times3)}{24} = 48$$

42. ⓒ

수들을 나열해보면 21, 22, 22, 36, 36, 37, 37, 37, 41, 42에서 Median $= \dfrac{36+37}{2} = 36.5$

43. ⓔ

- ⓔ B 의 median은 7이고 A 의 median은 5.
- ⓐ, ⓑ에서 위의 Boxplot을 가지고 mode는 알 수 없습니다.
- standard deviation은 A 보다 B 가 더 크다고 할 수 있습니다.
- ⓑ에서 위의 Boxplot을 가지고 mean은 알 수 없습니다.

44. ⓔ

막대 그래프끼리 차이가 제일 적은 ⓔ가 답입니다.

45. ⓒ

예를 들어, 1, 5, 9의 Standard deviation을 구해 보면 3.27입니다.

각각의 수에 2씩 더하면 3, 7, 11이 되고 이 세 숫자의 Standard deviation을 구해 보면,

① Mean $= \dfrac{3+7+11}{3} = 7$

② Variance $= \dfrac{3^2+7^2+11^2}{3} - 7^2 = 10.67$

③ Standard deviation $= \sqrt{10.67} = 3.27$

즉, 각각의 수에 같은 숫자를 더하고 빼더라도 Standard deviation은 변하지 않습니다.

46. ⓓ

숫자 간 간격이 제일 작은 것이 standard deviation이 제일 작은 것입니다.

47. ⓐ

$$\text{Interquartile Range} = 7-3=4$$

1, 2, ③ 3, 3, | 5, 6, ⑦ 8, 11   그러므로, $4-4=0$

Median=4

48. ⓑ

$$P\left(Z \geq \frac{400-300}{50}\right) = P(Z \geq 2) = 0.5 - 0.48 = 0.02 = 2\%$$

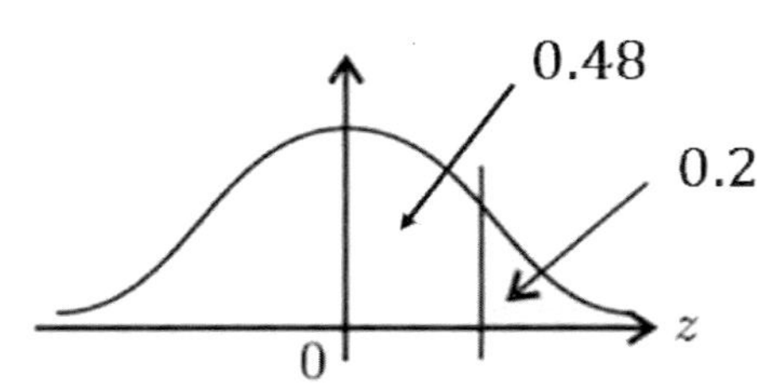

4. 점과 좌표, %, CIRCLE, LOCUS EQUATION
LOG, EXPONENT

49. ⓓ

$V = \pi r^2 h = 10$ (volume of a cylinder)

☞ $\pi \times (r + 0.3r)^2 \times (h + 0.3h)$ ☞ $V = (1.3)^2 \cdot (1.3)\pi r^2 h = (1.3)^2 \cdot (1.3) \cdot 10 = 21.97$

50. ⓓ

① 도대체 누가 증가? ☞ 연간급여

② 몇 %씩 증가? (r)

1980년 연간 급여

$2,000 \xrightarrow{\text{1년 후}} 2,000 + 2,000 \times r = 2,000(1+r)$

$\xrightarrow{\text{2년 후}} 2,000(1+r) + 2,000(1+r) \cdot r = 2,000(1+r)(1+r) = 2,000(1+r)^2$

$\cdots \xrightarrow{\text{30년 후}} 2,000(1+r)^{30}$

그러므로, $2,000(1+r)^{30} = 3 \times 2,000$ (2010년 연간급여) ☞ $r = 3^{\frac{1}{30}} - 1 = 0.037$ 이므로 $r = 3.7\%$

51. ⓓ

Standard form으로 고치면 $(x-2)^2 + (y+3)^2 = 5^2$ 이므로 center (2, -3), radius = 5

52. ⓐ

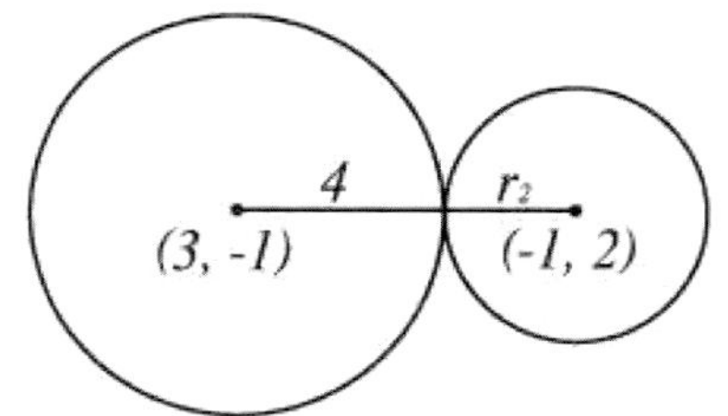

→ $\sqrt{(3+1)^2 + (-1-2)^2} = 4 + r_2$ 에서

⇒ $5 = 4 + r_2$ 에서 $r_2 = 1$

53. ⓐ

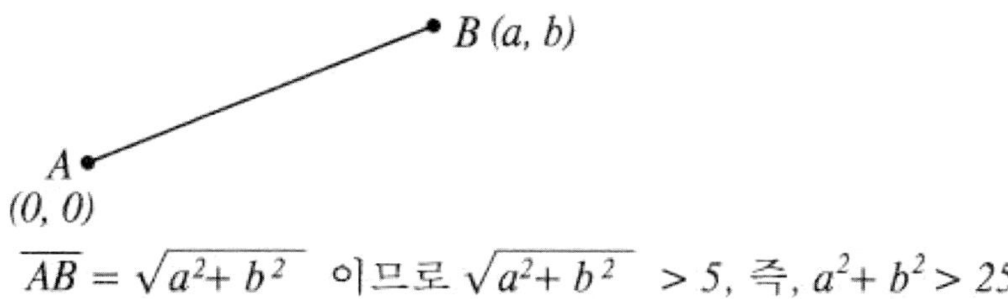

$\overline{AB} = \sqrt{a^2 + b^2}$ 이므로 $\sqrt{a^2 + b^2} > 5$, 즉, $a^2 + b^2 > 25$

54. ⓑ

두 점으로부터 같은 거리에 있는 점을 $P(x, y, z)$ 라고 하면 $\overline{PA} = \overline{PB}$ 이므로

$\sqrt{(x-1)^2 + (y-1)^2 + (z-3)^2} = \sqrt{(x-1)^2 + (y-2)^2 + (z-3)^2}$ 에서 양변 제곱하고 정리하면 $y = \frac{3}{2}$.

55. ⓐ

C 의 좌표를 (a, b)라 하면

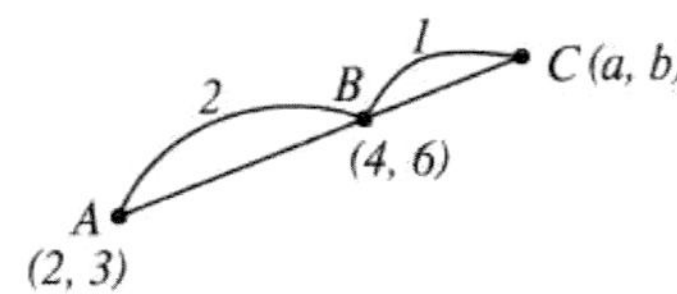

$B(4, 6) = (\dfrac{2a+2}{2+1}, \dfrac{2b+3}{2+1})$ 에서

$(4, 6) = (\dfrac{2a+2}{3}, \dfrac{2b+3}{3})$ 이므로

$a=5, \quad b=7.5$ 그러므로 $c(5, 7.5)$

56. ⓑ

$x=t^2,\ y=t$ 이므로 t대신 y를 대입하면 $y^2=x$ 에서 $y=\pm\sqrt{x}$. 여기에서 $y \geq 0$ 이므로 $y=\sqrt{x}$

57. ⓐ

$t=y$를 $x=-t^2+1$에 대입하면 $x=-y^2+1$, 즉 Parabola가 됩니다.

Conics 단원에 있는 parabola를 모른다 해도 계산기를 이용하여 해결이 가능합니다.

$y^2=-x+1$ 이므로 $y=\pm\sqrt{-x+1}$ 에서 계산기에 $Y_1=\sqrt{-x+1}$, $Y_2=-\sqrt{-x+1}$ 를 입력하면

ⓐ번과 같은 그림이 나옵니다.

58. ⓓ

각각을 계산해주면 ⓐ,ⓑ,ⓒ,ⓔ : -1 \qquad ⓓ : 1

59. ⓔ

$x-1 \neq 1,\ x-1>0,\ x-2>0$ **이어야 하므로** $x \neq 2,\ x>1,\ x>2$

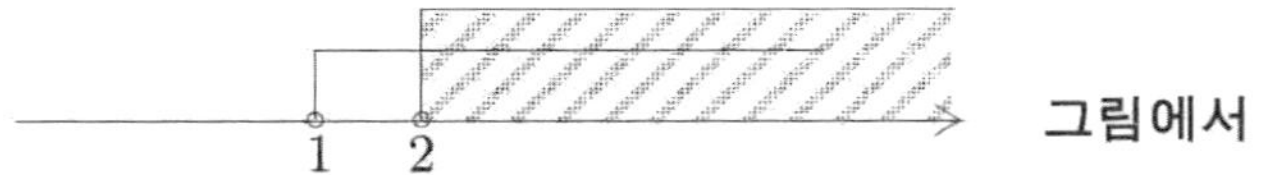

그림에서 $x>2$

60. ⓔ

n년 후 $2{,}000{,}000$ square가 된다고 하면 $3^n=2{,}000{,}000$ 에서 양변에 $\log$를 취하면

$n\log3=\log2{,}000{,}000$. 그러므로 $n=13.21$ 즉 13.21년 후 면적이 $2{,}000{,}000$ square가 됩니다.

61. ⓐ

양변에 $\log$를 취하면 $(x+1)\cdot\log5=\log k$ 이므로 $x\cdot\log5+\log5=\log k$ 에서 $x=\dfrac{\log k \cdot \log5}{\log5}$ 이므로

$x=\dfrac{\log k}{\log5}-1=\log_5 k-1$

그러므로, 정답은 ⓐ $\log_5 k-1$ $(*\ \log_a b=\dfrac{\log b}{\log a}\ )$

62. ⓔ

$95=n\cdot q+7$ 에서 $n\cdot q=88=11\times8$ 에서 $n=11$ (n은 prime number, $n>7$)이므로

20을 11로 나누면 나머지(Remainder)는 9

63. ⓑ

$2\cos\theta = x$, $2\sin\theta = y$에서 $\cos\theta = \dfrac{x}{2}$, $\sin\theta = \dfrac{y}{2}$ 이므로 $\cos^2\theta + \sin^2\theta = \dfrac{x^2}{4} + \dfrac{y^2}{4} = 1$

$\Rightarrow x^2 + y^2 = 4$ 이므로 $(2\cos\theta,\ 2\sin\theta)$ 는

Center point가 (0, 0)이고 Radius가 2인 Circle 위의 점이다.

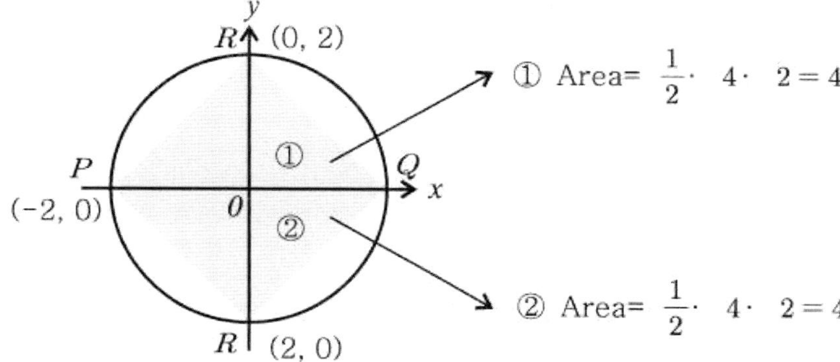

그러므로, Area가 4인 $\triangle PQR$은 2개이다.

5. LIMIT, SERIES, ASYMPTOTE

64. ⓓ

$\lim\limits_{x \to \infty} \dfrac{2x + 15}{x}$ 에서 분모, 분자의 차수가 같으므로 최고차 계수만 보면 $\dfrac{2x}{1x} = \dfrac{2}{1} = 2$ 이므로 정답 ⓓ

65. ⓔ

$\lim\limits_{x \to \infty} \dfrac{20(3 + 4.5t)}{1 + 0.02t} = 4,500$

66. ⓔ

- ・・・ Left Hand Limit : $\lim\limits_{x \to 3-} \dfrac{1}{x - 3} = -\infty$

- ・・・ Right Hand Limit : $\lim\limits_{x \to 3+} \dfrac{1}{x - 3} = \infty$

결과가 너무 작거나 커서 알 수 없습니다.

67. ⓐ

$\lim\limits_{x \to \infty}$(황당한 식) : 계산기로 $Y_1 = (1 + x) \wedge (2x)$ 라고 입력한 후 그래프를 보면 $x = 0$ 근처에서의 값

이 1임을 알 수 있습니다.

또는 x 대신 0.000001 정도를 대입해 보면 $(1 + 0.00001) \wedge (2 \times 0.000001) = 1$ 이 나옵니다.

68. ⓑ

$S = -2 + \dfrac{\frac{1}{2}}{1 - \frac{1}{2}} = -2 + 1 = -1$

69. ⓑ

분모를 0이 되게 하는 x값. 즉 $x^2 - x - 6 = 0$ 에서 $x = -2,\ 3$

70. ⓑ

$\lim\limits_{n \to \infty} \dfrac{15x^2 + 2x - 3x}{3x^2 + 5x - 1}$ 에서 분모와 분자의 가장 큰 exponent가 2로 같으므로 coefficient만 읽어주면

$\dfrac{15}{3} = 5$

71. ⓓ

$k = 8$이면 $\dfrac{4x + 8}{x + 2}$ 에서 $\dfrac{4(x + 2)}{x + 2} = 4$ 이므로 $k = 8$일 때 Vertical Asymptote가 존재하지 않습니다.

72. ⓒ

$f(x) = \dfrac{(x - 3)(x + 1)}{x - 3}\ (x \neq 3) \ \Rightarrow\ f(x) = x + 1\ (x \neq 3)$

그러므로, $f(x)$는 $x = 3$ 에서 discontinuous!

6. FUNCTION

73. ⓔ

Domain이 1, 2이므로 range가 될 수 없는 것은 ⓔ입니다.

예를 들어, 다음 그림과 같은 경우 함수가 아니기 때문입니다.

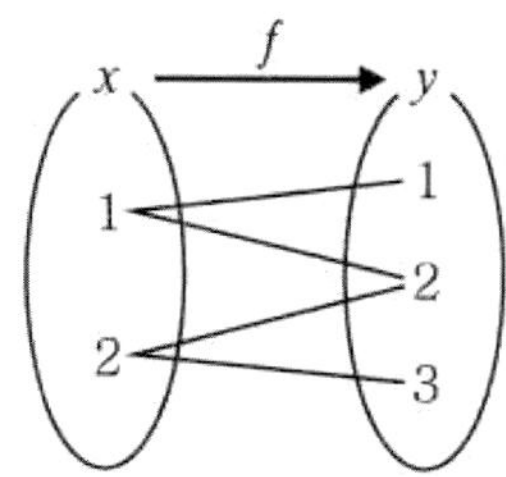

74. ⓑ

$y = e^{2x} + 2$ 에서 x, y를 바꾸면 $x = e^{2y} + 2$ 가 되고 $x - 2 = e^{2y}$ 로부터 $2y = \log_e|x-2| = \ln|x-2|$를 얻

을 수 있습니다. $y = \dfrac{1}{2}\ln|x-2|$ 이므로 x대신 e를 대입하면 $y = \dfrac{1}{2}\ln|e-2| = -0.165$가 됩니다.

[참고] $a^x = b$ 이면 $\log_a b = x$, $\log_e x = \ln x$ 가 됩니다.

다른 방법으로 풀어보면

$f^{-1}(e) = k$ 라고 하면 $f(k) = e$ 에서 $e^{2k} = e - 2$, 양변에 $\ln$을 취해주면

$2k \cdot \ln e = \ln(e-2)$ 에서 $k = -0.165$

75. ⓑ

$y = -x$는 x와 y를 바꾸어도 같은 식이 됩니다.

76. ⓒ

"$f = f^{-1}$"를 만족하는 함수는 x와 y를 바꾸어도 똑같은 함수. 그러므로, 정답은 ⓒ.

77. ⓓ

Inverse Function은 Increasing or Decreasing하는 Function에서 존재하므로 정답은 ⓓ.

78. ⓐ

$f(g(x)) = 2x - 1$ 에서 $g(x) = 4x$ 이므로 $f(4x) = 2x - 1$ 인데 $4x$라는 것이 헷갈릴 수 있습니다.

이럴 때에는 $4x = t$ 라고 치환(Substitution)합시다! 즉 $x = \dfrac{t}{4}$

$f(t) = 2 \cdot \dfrac{t}{4} - 1 = \dfrac{t}{2} - 1$ 즉, $f(t) = \dfrac{t}{2} - 1$ 입니다. t 대신에 x를 대입하면 $f(x) = \dfrac{1}{2}x - 1$ 이 됩니다.

79. ⓑ

-23이 Slope! 즉, c가 1 증가할 때마다 d는 -23씩 감소!

다시 말해, candy 판매량이 하나 증가할 때마다 doughnut 판매량은 23개씩 감소!

80. ⓑ

$y = 3x^2 + 2x + 10$ 을 그려보면

① Vertex : $(-\dfrac{1}{3}, \dfrac{29}{3})$

② Concave upward

③ y-intercept가 10이므로 다음과 같습니다.

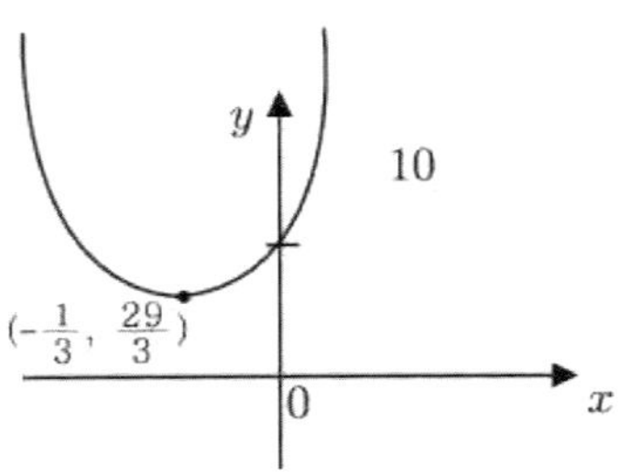

81. ⓐ

계산기를 사용하여 그려보면 다음과 같습니다.

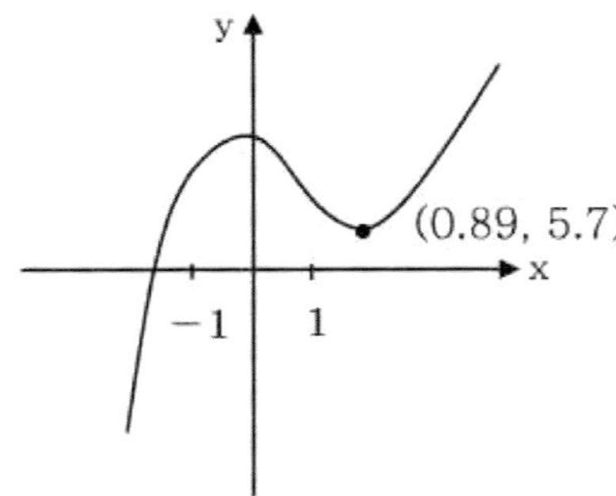

즉, 최솟값은 $x = 0.89$ 일 때 5.7

82. ⓓ

$f(x) \geq 0$ 에서 $\underbrace{f(x)}_{=Y_1} \geq \underbrace{0}_{=Y_2}$ 에서 Y_1 함수가 Y_2 함수보다 위에 있거나 만나도 됩니다.

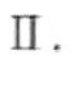

Ⅱ. 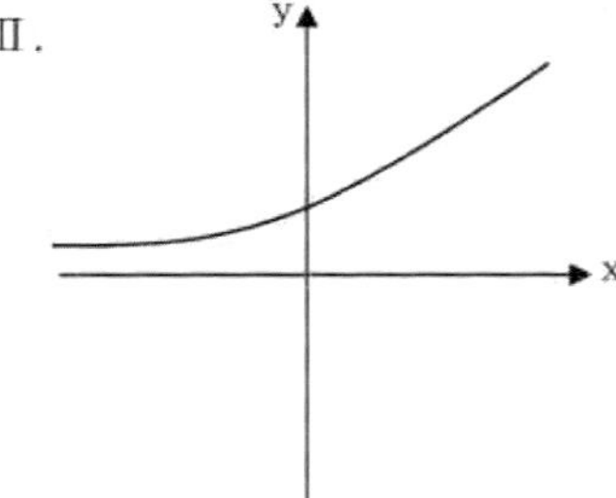   Ⅲ. 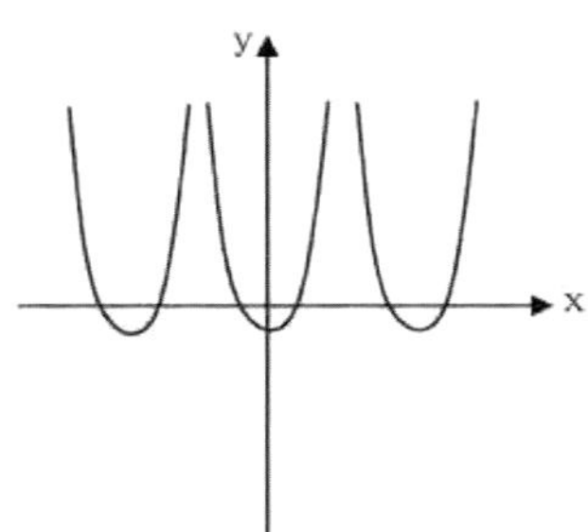

이므로 정답은 I, II입니다.

83. ⓒ

Polynomial function이므로 $[-1, 1]$에서 반드시 연속!

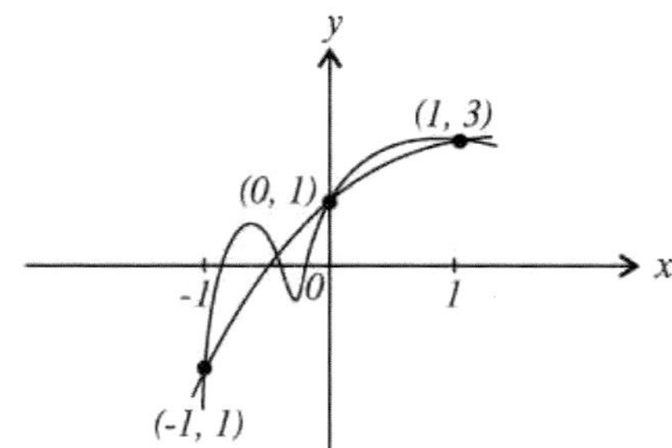

그림에서 보는 바와 같이 $y = f(x)$는 주어진 구간 내에서 반드시 한 개 이상의 근(Solution, Root)을 갖습니다.

84. ⓑ

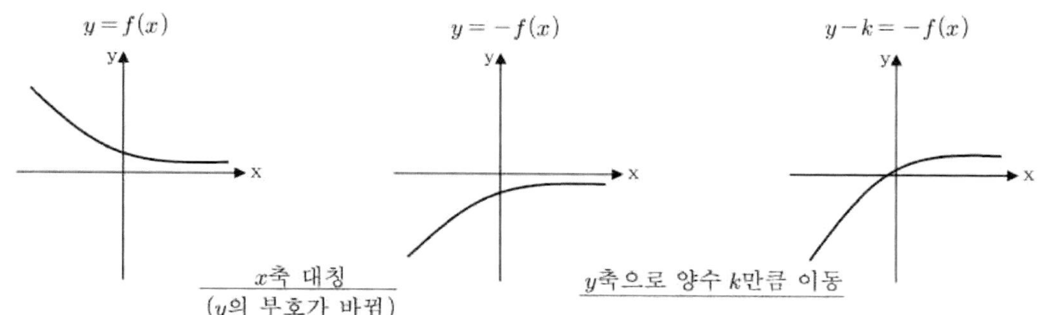

85. ⓐ

$f(x) = a^x \ (a > 1)$ 을 나타내는 그래프이므로 $g(x) = \dfrac{1}{a^x} = a^{-x}$, $(a^{-1})^x = (\dfrac{1}{a})^x$ 입니다.

그러므로 정답은 ⓐ입니다. 이 문제의 경우 $f(x) = a^x$ 임을 모른다고 하면 다음과 같이 해봐도 됩니다. $x = 0$ 일 때 $f(0) = 1$ 이고 $x = 1$ 일 때 $f(1)$은 대략 1.xxx이며 $x = -1$ 일 때 $f(-1)$ 은 대략 0.xxx이므로 이들의 역수는 $\dfrac{1}{f(0)} = 1$, $\dfrac{1}{f(1)} = 0.xxx$, $\dfrac{1}{f(-1)} = 1.xxx$ 가 됩니다.

그러므로, 대략 ⓐ와 같은 그래프가 나옵니다.

86. ⓓ

x축 아랫부분을 꺾어 올린 graph를 찾는 문제입니다.

87. ⓒ

$x \neq 0$ 일 때, $f(x) = \dfrac{|x|}{x}$ 이므로 $f(1.5) = \dfrac{1.5}{1.5} = 1$, $f(-1.5) = \dfrac{|-1.5|}{-1.5} = \dfrac{1.5}{-1.5} = -1$이므로

$f(1.5) - f(-1.5) = 2$

88. ⓔ

$x^2 - 7x + 2 = 0$ 의 두 근이 s, t 이므로 $s + t = 7, st = 2$ $\Rightarrow$ $s + 1, t + 1$ 을 두 근으로 하는 quadratic equation은 $x^2 - (s + t + 2)x + (s + 1)(t + 1) = 0$에서 $x^2 - 9x + 10 = 0$

89. ⓓ

ℓ_1 이 x축과 이루는 Angle을 α라고 하면, $\tan\alpha = \sqrt{3}$ 에서 $\alpha = 60°$ 이고 ℓ_2가 x축과 이루는 Angle을 β라고 하면 $\tan\beta = -1$ 에서 $\beta = 135°$

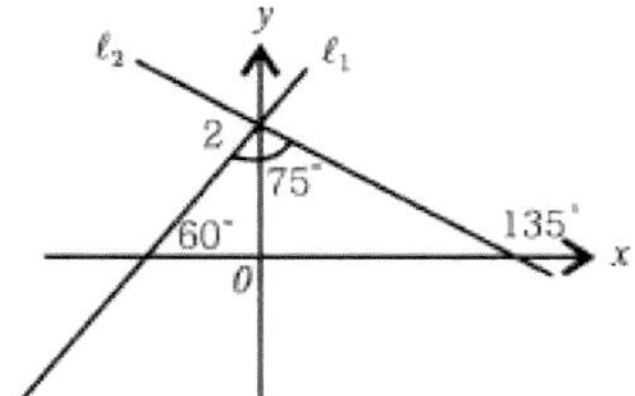

그러므로, ℓ_1 과 ℓ_2 가 이루는 Angle은 $75°$

90. ⓔ

I. Highest Degree가 Odd이므로 Range가 all y이므로 x축을 적어도 한 번은 지나게 됩니다.

II. $bx^2(\dfrac{a}{b}x + 1) = 0$ 에서 Real Root 2개를 갖습니다.

III. $f(x)$는 Polynomial Function이므로 Domain은 all real x 입니다.

7. COUNTING, PROBABILITY, PROPOSITION, MATRIX, IMAGINARY NUMBER AND COMPLEX NUMBER

91. ⓔ

10명 중 4명 뽑기 : $_{10}C_4$

뽑힌 4명 중 2명 뽑기 : $_4C_2$ 이므로 $_{10}C_4 \times _4C_2 = 1,260$

92. ⓑ

우리를 애매하게 만드는 것은 등록하는 데 몇 자리로 만들어야 하는지 나와 있지 않고 사용한 숫자나 문자를 반복해서 쓸 수 있는지도 나와 있지 않기 때문입니다.

몇 자리로 등록해야 할지 모르기 때문에 다음과 같이 분류합시다. 보기에 보면 8이라는 수가 자주 보이므로 1자리에서 8자리까지 분류해 보고 풀어보면 중복사용이 가능하다고 가정하고 풀어보면

$$\text{『1자리』} \quad \underset{8}{\bigcirc} \qquad\qquad\qquad = 8$$

$$\text{『2자리』} \quad \underset{8}{\bigcirc}\ \underset{8}{\bigcirc} \qquad\qquad = 8^2$$

$$\text{『1자리』} \quad \underset{8}{\bigcirc}\ \underset{8}{\bigcirc}\ \underset{8}{\bigcirc} \qquad = 8^3$$

$$\vdots$$

$$\text{『15자리』} \quad \underset{8}{\bigcirc}\ \underset{8}{\bigcirc}\ \underset{8}{\bigcirc}\ \cdots\ \underset{8}{\bigcirc} = 8^{15}$$

$$8 + 8^2 + 8^3 + \cdots + 8^8 = \frac{8(8^8 - 1)}{8 - 1} = \frac{8}{7}(8^8 - 1) \text{가 됩니다.}$$

보기 중에 ⓑ번에 답이 있으므로 정답은 ⓑ

$$(\text{※ The sum of Geometric sequence } a + ar + ar^2 + \cdots + ar^{n-1} = \frac{a(1 - r^n)}{1 - 4} = \frac{a(r^n - 1)}{r - 1})$$

93. ⓓ

$$① \text{ 1의 눈이 나올 확률} : \frac{2}{3} \times \frac{1}{2} = \frac{1}{3}$$

$$② \text{ 2의 눈이 나올 확률} : \frac{1}{3} \times \frac{1}{2} = \frac{1}{6}$$

$\left.\right\}$ ① 의 경우와 ② 의 경우를 합하면 $\frac{1}{3} + \frac{1}{6} = \frac{1}{2}$

94. ⓔ

1−(둘 다 틀릴 확률) = 1 − (0.7)(0.3) = 0.79

95. ⓐ

학생 50%가 학교와 5mile 이내에 살고 이 학생들 중 30%가 아파트에 살고 있으므로

$$p = 0.5 \times 0.3 = 0.15$$

96. ⓓ

- $1{\sim}8$까지의 수를 두 번 뽑는 경우의 수 $= 8{\times}8$ (뽑은 수를 또 뽑을 수 있으므로...)
- 두 수의 합이 5보다 작은 경우 $(1, 1), (1, 2), (1, 3), (2, 1), (2, 2), (3, 1) = 6$가지

그러므로 $P = \dfrac{6}{8{\times}8} = \dfrac{6}{64} = \dfrac{3}{32}$

97. ⓓ

- Paul이 명중시킬 확률 $= \dfrac{2}{5}$
- Mark가 명중 못 시킬 확률 $= \left(1 - \dfrac{3}{7}\right) = \dfrac{4}{7}$

98. ⓓ

I. $BA = (n{\times}\underline{p}) \cdot (\underline{m}{\times}n) =$ 존재 안함 (밑줄 친 부분이 틀리므로)

II. $AB = (m{\times}\underline{n}) \cdot (\underline{n}{\times}p) = m{\times}p$

III. II에서 dimensions이 $m{\times}p$ 이므로 틀립니다.

99. ⓑ

I. 주어진 문장의 Contraposition은 "$If\ x^2 = 25,\ then\ x = 5$"이고 $5 \supset \pm 5$ 이므로 틀립니다.

II. 주어진 문장의 Contraposition은 "$If\ x = 5,\ then\ x^2 = 25$"이고 $5 \subset \pm 5$ 이므로 옳습니다.

III. $5 \supset \pm 5$ 이므로 틀립니다.

100. ⓐ

z의 위치는 대략 $(-3, 1)$ 정도 이므로 $z = -3 + i$ 라고 가정!

$-iz + 1 = -i(-3 + i) + 1 = 3i - i^2 + 1 = 2 + 3i = (2, 3)$ 그러므로, $(2, 3)$을 나타내는 점은 A

101. ⓑ

$4x^2 - (y^2 + 4y + 4 - 4) - 5 = 0$에서 $4x^2 - (y + 2)^2 = 1$ 이므로 Center point는 $(0, -2)$

102. ⓓ

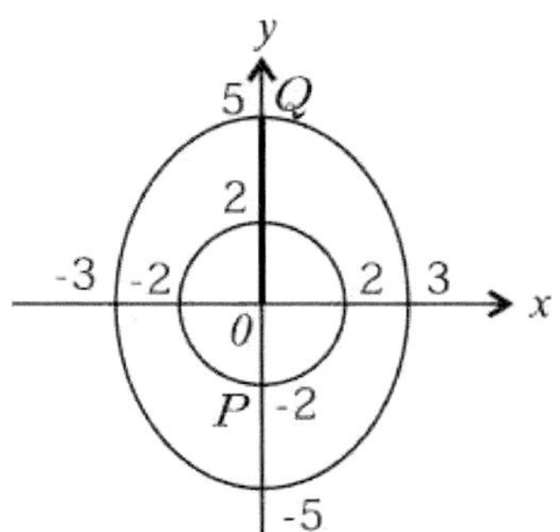

그림에서와 같이 $\overline{PQ}$ 의 최대 길이는 7.

8. INTEGER, Z-SCORE, BOXPLOT

103. ⓒ

세 수를 a, b, c라 두고 c를 가장 큰 수라고 한다면, $c = 43$입니다.

$\dfrac{a+b+43}{3} = 38$, $a+b = 71$ 이고 a가 가장 작은 수라고 한다면, 보기들 중 가능한 답은 30입니다.

최대 수가 43이므로 b는 43을 넘을 수 없습니다

104. ⓑ

- Student $A : \dfrac{a+b+...+n}{n} = 5$ and $a+b+...+n = 5n$

- Student $B : \dfrac{A+B+C+...+N}{n} = 4.2$ and $A+B+C+...+N = 4.2n$

$a,b,c...A,B,C...$ 는 전부 양의 정수이고, 그러므로 양의 정수를 더했을 때의 값 또한 양의 정수가 됩니다. 그러므로, $5n$과 $4.2n$ 모두 양의 정수입니다. 문제에서 "…could be the minimum…"이라고 하였으므로, 가능한 수들을 대입해 보아 $5n$과 $4.2n$이 모두 양의 정수가 되게 하는 최소의 n의 값은 5입니다.

105. ⓑ

격자점은 x,y의 값이 모두 정수인 점을 의미합니다.

만약 직선의 방정식이 $y = \dfrac{53}{31}x$ 라면, $31y = 53x$ 입니다.

이를 만족하는 (x,y) 는 $(0,0)$ 뿐입니다.

106. ⓓ

$t^{1001} + 3t^{1000} = t^{1000}(t+3)$

$t^{1000} = (t^{500})^2$ 는 완전제곱수이고, $t+3$만 완전제곱수이면 됩니다. 문제에서 "…could be the value of t…"라고 하였는데, 따라서 선택지들을 대입해 보면 됩니다. 보기 중에서 33이 맞는 답이다. t 대신 33을 대입해 보면 $t+3 = 36 = 6^2$ 이므로, 33이 맞는 답입니다.

107. ⓓ

A,B,C,D는 $(0\sim9)$까지의 정수 중 각각 하나씩을 의미합니다.

① III일 때, $B = 5,6,7,8,9$ 이고 $D = 0,1,2,3,4$

② II일 때, $C = B-7$, $B = 7,8,9$ 이고 $C = 0,1,2$

③ I일 때, $A = B-D$ 이고 $A = 5$

그러므로, $ABCD$에 가능한 값은 5702, 5813, 5924 이고, $5924 - 5702 = 222$ 입니다.

108. ⓑ

Z-Score를 이용합시다!

Test A : $z = \dfrac{92-90}{4} = 0.5$

Test B : $z = \dfrac{86-78}{2} = 4$

Test C : $z = \dfrac{84-80}{4} = 1$

그러므로 정답은 ⓑ입니다.

109. ⓑ

I. 주어진 Boxplot에서는 Mode를 알 수 없습니다.

II. Set A의 최소 50%가 Set B의 최소 505보다 더 낮습니다.

III. Set A의 interquartile range는 $4-2=2$ 이고 Set B의 interquartile range는 $8-6=2$ 이므로 같습니다.

110. ⓓ

I. Boxplot이 더 길게 나타나는 B가 A보다 Standard deviation이 더 큽니다.

II. A의 Median은 대략 35이고 B의 Median은 60입니다.

III. 주어진 Boxplot에서는 Mean을 알 수 없습니다.

SAT Subject Test : Math Level 2 − 이론편 (개정판)

초판인쇄 2017년 8월 31일
초판발행 2017년 8월 31일

지은이 심현성
펴낸이 채종준
펴낸곳 한국학술정보㈜
주소 경기도 파주시 회동길 230(문발동)
전화 031) 908-3181(대표)
팩스 031) 908-3189
홈페이지 http://ebook.kstudy.com
전자우편 출판사업부 publish@kstudy.com
등록 제일산-115호(2000. 6. 19)

ISBN 978-89-268-8130-9 13410